21世纪高等院校计算机规划教材

Web语言与应用导论

主　编　杨德仁　保文星

副主编　薛　梅　丁红胜

科学出版社

北　京

内 容 简 介

随着Web的问世和普及，其编程语言日趋显得重要，成为主流计算机软件即网络应用软件不可缺少的组成部分。本书包括Web编程语言概论、超文本标记语言（HTML）、无线标记语言（WML）、可扩展标记语言（XML）、可扩展超文本标记语言（XHTML）、动态网页编程技术（PHP和JSP）、搜索引擎优化（SEO）技术等标记语言及其相关技术。

本书可作为高等院校计算机科学与技术、电子信息科学与技术、管理信息系统、软件工程等相关专业的教材，也适合从事搜索引擎优化技术的网站优化工程师、拥有网站的企事业单位的网站管理员等相关工程技术人员参考和阅读。

图书在版编目(CIP)数据

Web语言与应用导论 / 杨德仁，保文星主编.—北京：科学出版社，2011.4

ISBN 978-7-03-030484-1

Ⅰ.①W… Ⅱ.①杨… ②保… Ⅲ.①主页制作-程序设计 Ⅳ.①TP393.092

中国版本图书馆 CIP 数据核字（2011）第 038228 号

责任编辑：韩卫军 荣洁莉 / 封面设计：陈思思

科学出版社出版

北京东黄城根北街16号

邮政编码：100717

http://www.sciencep.com

四川煤田地质制图印刷厂印刷

科学出版社发行 各地新华书店经销

*

2011年6月第 一 版 开本：787×1092 1/16

2011年6月第一次印刷 印张：13 1/4

印数：1—1 500 字数：300 000

定价：36.00 元

前 言

随着Web技术的问世及其应用的普及，Web语言和技术显得日趋重要，已成为业界的主流开发语言。在变化多端的Web应用中，无论是个人主页、社交社区、信息门户、博客和论坛，还是企业运营性信息平台，Web语言及其技术不可或缺，其重要性日益彰显。

高校相关专业在教学过程中，已经逐步采用了相关内容作为教学材料，如HTML，ASP，JSP，PHP，XML等，但大多单独开设此类课程，占用课时量大。对IT类专业而言，零星开设这类课程、又没有涉及到业界最新应用技术，不足以向学生全面介绍相关知识。高校在设置和讲授相关课程时，面临着一系列挑战。其中困境之一是没有合适的教材，国内尚缺乏综合介绍Web语言及其应用技术的书籍，不能满足IT类专业教学和教改需求。因此，我们编写了《Web语言与应用导论》一书。

本书分为四部分，第一部分是Web语言与应用概述；第二部分介绍了常用的标记语言，第三部分介绍了用于编写动态页面的脚本语言；第四部分介绍了相关应用技术和前景。本书从超文本标记语言（HTML）、动态网页编程技术、可扩展标记语言（XML）、可扩展超文本标记语言（XHTML）、移动标记语言（WML和XHTML MP）、Web脚本语言（PHP和JSP）、搜索引擎优化（SEO）技术和Web发展趋势等角度，较为全面地阐述了Web语言及其应用技术，以满足高校教学和工程实践应用需要。

本书由多年从事高校IT教育的教师和一线IT工程师联合编写。他们分别是宁夏医科大学的杨德仁教授、杨柳和董富江讲师，北方民族大学的保文星教授、丁红胜和丁剑讲师，上海电力学院的薛梅博士，宁夏师范学院的李金娟讲师，宁夏电信公司的张春涛和王生国工程师，北京地杰灵珂科技发展有限公司的贾磊工程师。

本书由杨德仁教授主编，保文星教授为第二主编，薛梅博士、丁红胜讲师为副主编。各章名称及其编写人员如下：

第1章　概论（杨德仁）

第2章　超文本标记语言基础（杨柳）

第3章　可扩展标记语言基础（丁剑）

第 4 章　可扩展超文本标记语言基础（王生国）

第 5 章　无线标记语言和 XHTML MP 语言基础（张春涛）

第 6 章　PHP 动态页面语言基础（李金娟，贾磊）

第 7 章　JSP 动态页面语言基础（董富江）

第 8 章　Web 搜索引擎优化技术（杨德仁）

第 9 章　Web 2.0 技术应用与展望（薛梅）

全书由杨德仁教授和保文星教授统稿。辽宁省丹东市化纤技校的郝敬曼高级讲师友情校正了全文，在此表示诚挚感谢。

在本书编写过程中，编者得到了下列项目基金的支持：国家科技支撑计划项目(2007BAD33B03), 宁夏自然科学基金项目（NZ10103），科技攻关计划项目（KGX-01-10-01），宁夏医科大学特殊人才项目（XT200913），宁夏医科大学教改项目（标记语言应用与教学研究）。

本书的讲义稿在宁夏医科大学电子信息科学与技术专业和管理信息系统专业试用两年来，反应良好。本书可作为高等院校计算机科学与技术、电子信息科学与技术、管理信息系统、软件工程等相关专业的教材，也适合于 IT 工程技术人员阅读和参考。

因编写时间仓促，不当之处敬请读者指正。作者的联系方式：ydr@tom.com。

编　者

2011 年 1 月于银川

目 录

第1章 概 论

1.1 计算机语言

语言是人类思维和交际的工具，也是人类保存认识成果的载体。语言的定义不一，如语言是传递信息的符号系统和人类最重要的交际工具；用于表达事物、动作、思想和状态的系统；作用于人与人的关系时，是表达相互反应的中介。语言作用于人和客观世界的关系时，是认识事物的工具；作用于文化时，是文化信息的载体。严谨地讲，语言是人类的交流和通信系统。书面语言用符号构造单词，单词的集合便是语言的词汇。单词的组合方式被定义为语言的句法或语法，而单词的意义称为语言的语义。

在计算机科学中，人类语言被称为自然语言。但计算机不足以完全理解自然语言，而必须有其专用语言，即计算机语言。计算机语言是人类为使计算机完成各种任务而设计和开发的。每种计算机语言都有其特定的关键字和组织程序指令的语法规则，即计算机语言让程序员能够准确地定义计算机所需要使用的数据，并精确地定义在不同情况下所应当采取的行动。

计算机语言有许多种，包括机器语言、编程语言、脚本语言和标记语言等。

1.1.1 编程语言

编程语言又称程序设计语言，是一套指导计算机完成具体任务的词汇及其语法规则。大多数被广泛使用或经久不衰的语言拥有负责其标准化的组织。按其发展，编程语言分为以下几代。

第一代语言是机器语言，主要特征是面向机器，即依赖于硬件环境。第一代语言是低级编程语言，其代表性语言是机器语言和汇编语言。

机器语言指计算机实际理解的语言，只包括数字。机器语言使用指令代码（绝对地址码、绝对操作码和存储空间分配），为机器直接接受，不需翻译。每种 CPU 有其唯一的机器语言。

汇编语言用符号写程序，需翻译成机器指令。用户指令集根据处理器体系结构不同而不同。它允许程序员用名称（指令集）代替数字，因此容易编写。

第二代语言是面向算法过程的高级编程语言，其主要特征是脱离机器。这类语言没有彻底摆脱硬件和操作系统的限制，即程序在不同类计算机上运行前，需要“移植”（调试和重新编译）。

第三代语言是结构化编程语言，具有描述过程和数据结构的能力，是高级编程语言。这类语言独立于操作系统。

第四代语言是声明性、交互性和非过程式的编程语言，如面向对象的编程语言。第四代语言具有如下特点：用户界面友好；编程将越来越简单化和专业化，类似于直接的口头或书面的人类自然语言指令。非专业程序员也能用它编写程序。

第五代语言指人工智能和神经网络。

这些语言各有特点，因此在解决问题时需要慎重选择。Fortran 适合处理数字型数据，而不好组织大量的程序。Pascal 适于编写结构严谨和可阅读的程序，但不灵活。C++具有强大的面向对象特征，但因复杂而难以掌握。Java 是首选的面向对象编程语言，但书写代码比较繁杂，好在目前已经有一些界面和功能友好的开发工具，如 Eclipse 等。

无论使用那种编程语言编写程序，都需要把程序转换成机器语言，以便计算机理解和使用。有两种转化方法，即编译程序和解释程序。如果所使用的翻译机制是将所要翻译的程序代码作为一个整体翻译，那么这个翻译过程就被称为编译。因此，编译器处理人可阅读的程序文本（叫做源代码），输出可执行文件即机器语言，由计算机中央处理器直接运行。如果程序代码是在运行时才即时翻译，那么这种翻译机制就被称作解释。经解释的程序运行速度往往比编译的程序慢，但通常更具灵活性，因为它们能够与执行环境互相作用。

1.1.2 标记语言

标记语言是为处理、定义和表示文本而设计的语言。标记语言是一种将文档及其相关信息结合起来以展现文档结构和数据处理细节的编码。这种语言规定了用于格式文档布局和风格的代码即标签。

标记最早用于出版业，是作者、编辑以及出版商之间用于描述出版作品的排版格式所使用的。如今标记语言广泛应用于网页和网络应用程序中，如超文本标记语言和可扩展标记语言是众所周知的标记语言。

标记语言分为 3 类，即表示性标记语言、过程性标记语言和描述性标记语言。

描述性标识，源于传统出版业的“标记”手稿，即在原稿边缘加注一些符号来指示打印格式。长期以来，这项工作由专业人员以及校对人员来完成，对原稿标示出使用什么字体以及字号，然后再将原稿交给其他人进行手工排版。

表示性标记语言在编码过程中标记文档的结构信息。如在文本文件中，文件的标题需要用特定格式（居中，放大等）表示，这就需要标记文件的标题。文字处理以及桌面出版产品有时能自动推断出这类的结构信息，而纯文本编辑器不能解决这个问题。

过程性标记语言，一般专用于文字表达，通常对于文本编辑者可见，能够被软件依其出现顺序依次解读。比如，为了格式化一个标题，需要在标题文本之前插入一系列的格式标识符，以指示计算机转换到居中的显示模式，同时加大及加粗字体，并在标题文本之后会缀上格式中止标识。过程性标记语言被广泛应用于专业出版领域，专业出版商根据要求使用不同的指标语言以达到出版要求。

1.1.3 脚本语言

脚本语言，又称为动态语言，是一种编程语言控制软件应用程序。脚本通常以文本形式保存，在被调用时被进行解释或编译。脚本语言编程速度快、文件小、灵活性高、通常是解释执行。

以简单方式快速完成某些复杂的事情通常是创造脚本语言的重要原则。基于这项原则，脚本语言通常比 C，C++或 Java 等高级编程语言简单。与由计算机处理器编译的其他高级语言不同，脚本语言是在运行时由其他程序注释的高级编程语言，是为了缩短传统的编写、编译、链接和运行过程而创建的编程语言。

脚本语言的主要特性是：语法和结构通常比较简单，容易学习和使用，脚本编程速度更快，脚本文件明显小。脚本通常是解释执行的，速度可能很慢，运行时耗内存。程序的开发产能优于执行效能，即以执行效率为代价，但其优势在当前程序员工资趋高和硬件成本趋低时很明显。

早期的脚本语言经常被称为批处理语言或工作控制语言。随着互联网技术的发展和应用，脚本语言不断问世。面向 Web 的脚本语言通常嵌入页面文件内，为 Web 页面增加功能，如不同的菜单风格、图形显示或提供动态广告，或利用数据库数据动态生成页面。Web 的脚本语言分为客户端脚本语言和服务器端脚本语言。客户端脚本语言如 VB 和 JavaScript 等能影响浏览器中的数据，服务器端脚本语言如 ASP，JSP 和 PHP 等能利用数据库数据生成动态页面。

高级编程语言和脚本语言在许多方面互相交叉而没有明确界限。相比而言，脚本语言的特点是：介于标记语言和编程语言之间，其函数与编程语言比较相似，也涉及变量，语法和规则松散、简单，属于解释性语言，不需要编译，由脚本引擎（解释器）负责解释。

1.1.4　形式语言

在数学、逻辑和计算机科学中，形式语言是用精确的数学或机器可处理的公式定义的语言。如语言学中的语言一样，形式语言也有两个方面，即语法和语义。专门研究形式语言语法的数学和计算机科学分支叫做形式语言理论，而不涉及语义。

形式语言是一个字母表上的某些有限长字符串的集合。一个形式语言可以包含无限多个字符串。

语言的形式定义，字母表$\sum$为任意有限集合，ε 表示空串，记$\sum 0$ 为$\{\varepsilon\}$，全体长度为 n 的字串为$\sum n$，$\sum^*$为$\sum 0\cup\sum 1\cup\cdots\cup\sum n\cup\cdots$，语言 L 定义为$\sum^*$的任意子集。

对语言的研究包括 3 方面，即语言的表示、语言的有穷描述性和表示结构。语言可以由文法产生，即文法是描述语言的一种模型。根据文法中产生式的形式，乔姆斯基把文法分成 4 种，即正则文法、上下文无关的文法、上下文有关的文法和短语结构文法，分别对应于 4 种语言。

构造文法的方法不一，难以用文法说明语言的特点，更主要的是难以识别语言的句子。因此，语言的识别模型显得至关重要。正则语言用有限自动机或正则表达式识别，有限自动机分析计算机高级语言的词法、字符串查询的基础。上下文无关的语言用下推机识别，这是分析计算机高级语言句子结构的基础。上下文有关的语言用线性有界自动机识别。短语语言用图灵机识别，图灵机是计算机理论研究、算法复杂度分析的基础。总之，形式语言是描述语言的语言，即一种元语言。

本书将重点介绍与 Web 相关的标记语言、脚本语言及其若干应用技术。

1.2 标记语言

1.2.1 SGML

标准通用标记语言(Standard Generalized Markup Language，SGML)是通用的组织和标记文档元素的语言，用来定义文献模型的逻辑和物理类结构。SGML 是国际标准化组织（ISO）于 1986 年发布的国际标准。SGML 本身没有任何具体的格式，而是明确了标记元素的规则，然后这些标记才能被解释成格式元素。

SGML 文档由 3 部分组成，即语法定义、文件类型定义(Definition Type Document，DTD)和文件实例。语法定义了文件类型定义和文件实例的语法结构，文件类型定义了文件实例的结构和组成结构的元素类型，文件实例是 SGML 语言程序的主体部分。

在实际使用中，每个 DTD 定义了一类文件。例如，所有新闻稿件都可用同一个 DTD。因此，人们习惯上把具有某一特定 DTD 的 SGML 语言称为某某标记语言，例如用于国际互联网的 HTML 语言。

SGML 被广泛用于管理那些面临频繁修改和需要用不同格式打印的大量文档。因为它是一个大型复杂系统，所以难以普及。然而 Web 的发展重新引起了人们对 SGML 的兴趣，因 Web 离不开 HTML，而 HTML 是根据 SGML 规则定义和注释标签的方法。

1.2.2 HTML

超文本标记语言（Hyper Text Markup Language，HTML）是 W3C 为方便作者创建网页和用户在网页浏览器中阅读信息而设计的标记语言，用于创建 Web 文档。HTML 借助标签和属性定义 Web 文档的结构和布局。HTML 允许页面作者标记其文档和在其中插入链接，语法不够严谨。

在 HTML 文档中可嵌入脚本语言代码如 JavaScript，以便实现动态显示功能。

1.2.3 XML

可扩展标记语言（Extensible Markup Language，XML）是 W3C 开发的一种针对 Web 文档的规范和语言，是 SGML 的简化版本。它允许设计者创建自己定制的标记、定义、转换、验证和在不同应用之间注释数据。

创建 XML 旨在简化 SGML 烦杂的结构，强化 HTML 过于简单而不够严谨的语法。虽然 XML 创立之初只被视作一项基础技术，但其发展早已超出设计者的构想。不论是学术界还是商业界都将其视为下一代网络的基石，XML 已经成为一股不可抵挡的技术潮流。

1.2.4 XHTML

可扩展超文本标记语言（eXtensible Hyper Text Markup Language，XHTML）表现方式与超文本标记语言类似，符合 XML 语法规范，语法严谨。

XHTML 是基于 XML 的标记语言，是扮演着 HTML 角色的 XML。XHTML 在本质上是桥接（过渡）技术，融 XML 的灵活性与 HTML 的简单特性于一体（与后两者有交集)。HTML5 之前的 HTML 被定义为 SGML 的应用，而 XHTML 是 XML 的应用。XHTML 定义良好（well-formed），可以利用标准的 XML 工具自动处理 XHTML 文档，而 HTML 则需要相对复杂的、不严格的解析器处理。

1.2.5　WML

WML 是用来在手持设备上实施无线应用协议 WAP 的标记语言，基于 XML。WAP 协议被设计为用来在诸如移动电话之类的无线客户端上展示因特网内容。WML 页面通常称为 deck。每个 deck 含有一系列的 card。card 元素可包含文本、标记、链接、输入字段和图像等。卡片之间通过链接彼此相互联系。WML Script 属于 WAP 应用层，使用它可以在 WML 卡片组和卡片中添加客户端的处理逻辑。

1.2.6　其他标记语言

还有一些基于 XML 的应用，比如 RDF 和 Web Ontology Language(OWL)等。

1.3　Web 与脚本语言

1.3.1　互联网

互联网（Internet）是全球性计算机网络，用于交换数据、新闻和意见等。与中央化控制的在线服务不同，互联网被设计成分布状的，其上的计算机被称为主机(host)，主机是独立的。这样设计的体系结构适应性极强。

1.3.2　Web

万维网（World Wide Web，简写为 WWW，3W 或 Web）。Web 是由支持特殊格式化文档的互联网服务器组成的系统。这些文档按 HTML 格式化，HTML 支持对其他文档、图像文件、音视频文件的链接。人们通过点击就能从一个文档转到另一个文档上。Web 是一种通过互联网访问信息的方法，是一种基于互联网的信息共享机制和模型。

互联网与 Web 的区别：Web 只是一种在互联网上发布和访问信息的方法；互联网还可用于电子邮件、新闻组、即时通信和 FTP 等；Web 只是互联网的组成部分。

Web问世于20世纪90年代初，由Berners-Lee开发，然而这个浏览器还没有流行，便被NCSA Mosaic浏览器取代，后者不久便融入网景（Netscape）浏览器和微软浏览器中。Mosaic浏览器使用方便，能跨平台使用，而且免费。在浏览器问世之前，互联网只是学术界和专家的王国。有了浏览器，互联网才得以普及。互联网也因此不再只是专家们的自留地，而成为了真正的全球信息空间。

Web成功的关键因素是其大规模性和没有对其内容的中心化控制。在Web上，信息的巨量及其变化速度使得传统的信息检索方法面临挑战，搜索引擎的覆盖面相对较小，而且质量分布也严重失衡，高质量的页面很少。

Web基于3种创新：URL，HTML和HTTP。

统一资源定位符（Uniform Resource Locator，URL）简练地结合了各种互联网协议和主机名、层次性Unix文件系统。借助于URL，可以识别互联网的任何资源、页面文件。

HTML虽不是创新但仍然很基本。

WWW需要传输协议，即超文本传输协议（Hyper Text Transfer Protocol，HTTP）。Web主要由HTML文档组成，通过HTTP，这些文档从Web服务器传输到Web浏览器上。每个Web服务器接收客户端请求，并为客户端提供HTTP响应。HTTP响应通常包括提供HTML文档，也可能是普通文件、图片或其他类文档（由MIME类型定义）。若在请求或响应中发现错误，Web服务器要返回说明错误的响应，向用户返回解释该错误的HTML或文本信息。

HTTP 是一种通信协议，用于传输超文本文档（互连的文本文档），HTTP 是客户端和服务器之间请求/响应标准。客户端是终端用户，服务器是 Web 网站。客户端利用浏览器或其他终端工具（称为用户代理）发出 HTTP 请求。存储或创建资源（诸如 HTML 文档和图片等）的响应服务器被称为 Web 服务器。HTTP 除了用于传输 HTML 文档、图片等内容性文件外，也能让浏览器知道如何处理接收到的文件及其相关信息。这些元信息通常包括 MIME 类型（即 text/html 或应用/xhtml+xml）和字符编码。

当建立与主机的某个端口（默认端口为 80）的连接后，HTTP 侦听该端口等待客户端发送请求信息。在得到请求信息后，服务器返回状态信息（如“HTTP/1.1 200 OK”）和应答信息，应答信息包括被请求的资源、错误信息或其他信息。如前所述，HTTP 访问的资源要用 URL 识别。

1.3.3 Web 浏览器和 Web 服务器

Web 浏览器是一种应用软件，是位于用户计算机上的客户端程序，它使得访问 Web 很容易，能使用户访问 Web 或局域网中 Web 网站上页面文档、图片、音视频等信息，页面中的文本或图片包含到其他页面或本页面其他位置的超链接。浏览器允许用户通过穿越这些链接而快速和容易地访问不同网站、不同页面中或同一页面不同位置上的信息。浏览器格式化并显示 HTML 文档。如今最流行的浏览器是微软的 IE。

浏览器用于显示 HTML 文档，也可用一些特殊语言去控制显示过程，如过程性脚本语言 JavaScript、使风格性元数据独立于内容的 Cascading style sheets(CSS)、作为 HTML 的替代品而用于描述内容的 XML、把 XML 转换成一种新形式的表示语言 XSLT 等。

Web 服务器是一种计算机软件，负责接受来自 Web 客户端（即 Web 浏览器）HTTP 请求，并为客户端提供 HTTP 响应，这种响应通常是 Web 页面，诸如 HTML 文档及其连接的对象(图片等)。互联网上提供网站功能的计算机都有其 Web 服务器程序。

Web 服务器软件很多，如 Apache 的 Tomcat 和微软的 IIS 等。

每个 Web 服务器都有其 IP 地址，还可能有其域名。例如若在浏览器地址栏输入 URL http://www.pcwebopedia.com/index.html，它就向域名为 pcwebopedia.com 的服务器发送请求，该服务器便把名称为 index.html 的页面传输到发送请求的浏览器上。

1.3.4 动态 Web 页面和脚本语言

静态网页是指网页内容相对不变或者变化不大的网页，网页的内容更新都是由专门的维护人员制作好后上传到服务器，浏览者才可以浏览到更新的网页，一般用 HTML，XHTML 或 XML 编写。静态网页不能实现用户与服务器之间的动态交互，只适合那些不需要经常更改网页内容，同时不需要和用户交互的网站。

动态网页的出现则弥补了静态网页的不足，动态网页采用程序技术设计，配合数据库实现网站数据的自动更新，网站的管理者无需拥有专业的计算机知识便可以对网站进行更新维护，管理者只需要在网站的管理后台输入相关信息，浏览者即可以在网站及时浏览到更新后的内容。与此同时，动态网页技术还可以使网站与浏览者之间实现信息的交互，可以根据用户、时间、地点的不同显示不同的信息。现在 Web 2.0 就使用了动态网页的技术。

动态 Web 页面是一个广义概念，即产生的页面因用户、地点或特殊的变量值而异。它包括由客户端脚本如 JavaScript 产生的页面、由服务器端脚本如 PHP 或 Perl 产生的页面。后者先生成页面，再把页面传输到客户端。

1. 客户端脚本语言

客户端脚本通常指由客户的浏览器在客户端执行的Web程序。这种程序是动态HTML概念的重要组成部分，使得页面能被脚本化，即页面的内容因用户的输入、环境条件（如日期等）或其他变量而异。客户端脚本语言可用于改进设计、验证表单、检测浏览器、创建cookies等。客户端脚本语言有JavaScript，VBScript和WMLScript等。

2. 服务器端脚本语言

服务器端脚本编程是一种 Web 服务器技术，通过直接在 Web 服务器上运行脚本产生动态 HTML 页面，以实现用户的请求。它通常用于提供交互的 Web 网站，该网站作为数据库或其他数据存储器的接口。这不同于通过 Web 浏览器运行脚本的客户端脚本编程。服务器端脚本编程的主要优势是具有根据用户需求、访问权限或对数据库的查询去定制响应的能力。

4 种主要的服务器端脚本语言是 Perl（Practical Extraction and Report Language），PHP（Hypertext Preprocessor），ASP（Active Server Pages）和 JSP（JavaServer Pages）。

PHP 是一种跨平台的服务器端的嵌入式脚本语言，大量借用 C，Java 和 Perl 语言的语法, 并耦合 PHP 自有特性，快速写出动态产生页面。PHP 支持目前绝大多数数据库。PHP 是完全免费的，可以从官方站点(http: //www.php.net)自由下载，可以不受限制地获得相关源代码。

JSP 是 Sun 公司推出的网站开发语言，Sun 公司借助在 Java 方面的优势，在 Java 应用程序和 Java Applet 之外，又增添新硕果，即 JSP。JSP 可以在 Servlet 和 JavaBean 的支持下，实现强大的功能。

3. 客户端脚本语言和服务器端脚本语言的比较

客户端脚本通常嵌入在 HTML 文档中，也可含在单独文件中，由使用它的文档调用。在被请求时，存储在 Web 服务器中的相关文件被 Web 服务器传送到用户的计算机上。用户的浏览器执行脚本并显示文档，包括从脚本的可视化输出。客户端脚本也可以包括要浏览器执行的指令，若用户与文档交互，如点击按钮，浏览器不必与服务器通信就可执行这些指令，当然这些指令可要求这种通信。

而用 Perl，PHP 和服务器端 VBScript 语言编写的服务器端脚本，在用户请求调用时，由 Web 服务器执行，并输出浏览器可理解的格式，通常是 HTML 文件，该文件被传送到用户计算机上，用户看到的不是脚本的源代码，而是显示结果，用户甚至意识不到被执行的脚本。当然，服务器端脚本生成的文档中可以包含客户端脚本。

客户端脚本可以访问浏览器中的信息和功能，而服务器端脚本可以访问服务器上的信息和功能。服务器端脚本需要在服务器上安装相应的语言解释器，而无论用户浏览器和操作系统如何，总输出相同的页面。客户端脚本不需要在服务器上安装软件。然而，需要用户的浏览器能理解编写所使用的脚本语言。因此，不提倡用大多数浏览器不支持的语言编写脚本。

1.3.5 应用服务器

在 N 层软件体系结构中，应用服务器（Application Server）通过各种协议提供应用程序接口(API)或方法，以便客户端调用其中的业务逻辑进行业务处理。

应用服务器处理业务逻辑，并把结果返回给 Web 服务器，Web 服务器提供信息，让客户可以通过浏览器进行访问，一般是 HTML 文件。Web 服务器通常比应用服务器简单。

大多数应用服务器也包含内在的 Web 服务器，即 Web 服务器是应用服务器的子集。

应用服务器主要服务于 Web 应用软件。有些应用服务器面向 Web 之外的网络，如会话起始协议（Session Initiation Protocol）服务器针对电话通信网络。

1.3.6 Web 1.0 与 Web 2.0

Web 2.0 描述 Web 技术和 Web 设计的趋势，旨在介绍 Web 提供的交互、交流和安全的信息共享、协作和功能。Web 2.0 概念促使了 Web 文化社区和服务的发展，如社交网站、视频共享网站、维基、博客等。 虽然这个术语指 Web 新版本，但它并不意味着技术规范的更新，而只是为了说明软件开发者和使用者使用 Web 方法的变化。Web 2.0 是计算业中的商业革命，即把互联网作为平台，试图理解在这个新平台上成功的规则。Web 鼻祖 Tim Berners-Lee 就质疑用这个术语的意义，因为 Web 2.0 的许多技术在 Web 早期就存在了。

Web 1.0 也用于描述 Web 的状态，即在 Web 2.0 现象出现以前的网站设计风格，特别是 2001 年网络泡沫之前的 Web，许多人认为该泡沫是互联网的转折点。

1.4 软件体系结构及其演化

程序的软件体系结构（又称计算模式）指软件系统的结构，软件由其组件、组件的外部特征和组件之间的关系组成。

企业级应用程序在系统架构上经历了几次重要转变：基于亚终端/主机、客户机/服务器、浏览器/服务器、富互联网应用模式。

1.4.1 亚终端/主机模式

亚终端/主机模式是第一代计算模式，是以主机为中心的计算模式，其计算都集中在主机上，其应用程序在终端为用户提供基于文本非图形化的界面。如今这种基于主机的中央化计算模式几乎已经消失，在此不作讨论。

1.4.2　胖客户端/服务器模式

胖客户端/服务器模式（C/S）软件体系结构分为通过计算机网络通信的客户端系统和服务器系统。C/S 应用是一个分布系统，由客户端软件和服务器软件组成。C/S 描述了两个计算机程序之间的关系，客户端发起通信会话并向服务器端程序作出请求，服务器接收请求并作相应的处理，向客户端返回被请求的信息。这种体系结构有时称为两层结构：客户端为一层，服务器与其应用为另一层。它两端都有计算任务，一般部署于局域网中或企业内联网中。许多应用软件都用这种模式编写，C/S 模式成为网络计算的核心概念之一。

客户端的特征是发起请求、等待答复、接收答复，使用图形用户界面（GUI）连接服务器。服务器端的特征是从不发起请求或活动，而是等待来自链接的客户端的请求和答复请求。服务器能远程安装和卸载，并向客户端传输数据。

1.4.3　瘦客户端/服务器模式

瘦客户端/服务器模式指 Web/server 模式。

如今，客户端大多是Web浏览器。服务器包括Web服务器、数据库服务器和邮件服务器等。标准的网络功能，诸如E-mail交换、Web访问和数据库访问，都基于这个模型。

1.4.4　RIA 模式

C/S 架构的缺点主要是部署和更新问题。互联网已经日益成为应用程序开发的默认平台，传统的 Web 应用程序是基于 HTML 页面、服务器端数据传递的模式。B/S 架构的缺点主要是受制于 HTML 的限制，无法像 C/S 那样使用丰富的效果来展示数据，用户体验不好。

HTML 适合处理文本，随着 Web 应用程序复杂性越来越高，传统的 Web 应用程序已经不能满足 Web 浏览者更高的、全方位的体验要求，即 Macromedia 公司所谓的体验性。具有高度互动性和丰富用户体验的富互联网应用（Rich Internet Application，RIA）出现了。C/S 和 B/S 分别是重客户端和重服务器端的计算模式，而 RIA 则平衡了这两种模式。RIA 是具有某些 C/S 应用特征的 Web 应用模式，由私有的 Web 浏览器插件或经沙盒和虚拟机实现。目前 RIA 框架包括 Adobe Flash，Java/JavaFX 和 Microsoft Silverlight。

1.4.5　云计算模式

云计算（Cloud Computing）模式是一种软件系统的体系结构，涉及到提供云计算（如硬件、软件等），其中多个云组件通过应用程序接口（通常是 Web 服务）相互通信。客户端用 Web 浏览器或其他软件访问云应用软件。

云计算是一种新兴的共享基础架构的方法，将许多系统池连接起来以提供各种 IT 服务。很多因素推动了对这类环境的需求，其中包括连接设备、实时数据流、SOA 的采用以及搜索、开放协作、社会网络和移动商务等这样的 Web 2.0 应用的急剧增长。

云计算被称为革命性的计算模型，因为它使得超级计算能力通过互联网自由流通成为了可能。企业与个人用户无需再投入昂贵的硬件购置成本，如同用电那样，只需要通过互联网来购买租赁计算力，把计算机作为接入口，一切都交给互联网。“云”用于隐含说明互联网（基于在计算机网络图中被描述的样子），是对它隐藏的复杂体系结构的一种抽象。它是一种计算风格，其中 IT 相关的能力被以服务的形式提供，以便用户通过互联网（云）访问技术性服务，而不用知道、熟悉或控制其支持性技术结构。

云计算是分布式处理(Distributed Computing)、并行处理(Parallel Computing)和网格计算(Grid Computing)的发展，或者说是这些计算机科学概念的商业实现。

云计算的基本原理是把计算分布在大量的分布式计算机上，而非本地计算机或远程服务器中，企业数据中心的运行将与互联网更相似。这使得企业能够将资源切换到需要的应用上，根据需求访问计算机和存储系统。

云计算是个概括性概念，将软件服务、Web 2.0 和其他最新技术趋势融于一体，其核心是依赖于互联网满足用户的计算需要。例如，Google 应用提供了在线的公用业务应用，可以用浏览器访问，而软件和数据则被存储于服务器上。大多数云计算体系结构包括通过数据中心提供的可靠服务，可以在任何地方访问这种服务，“云”是访问服务的单点。用户一般不拥有该体系结构，他们只访问或租用，把资源作为服务来消费。

1.5 扩展阅读材料

1.5.1 ISO

国际标准化组织（International Organization for Standardization，ISO）创建于 1946 年，是由 75 个国家的标准化组织组成的国际性组织。ISO 定义了许多重要的计算机标准，其中 OSI (Open Systems Interconnection) 最重要，这是设计计算机网络的标准机构。

1.5.2 W3C

万维网联盟（World Wide Web Consortium，W3C）是针对 Web 的国际标准组织，由蒂姆·本尼斯李（Tim Berners-Lee）发起和领衔。它成立于麻省理工学院，并得到了 DARPA 和欧盟的支持。其成员组织提供全职职员协同工作，开发 Web 标准。截至 2008 年初，W3C 有 434 个成员。W3C 也从事教育、研究、开发软件和提供服务，主持有关 Web 的开放性论坛。W3C 的创建保证了业界在采用新标准时的协调和一致性。在成立之前，不同供应商提供的各种 HTML 版本，导致了 Web 页面之间的不一致性。该联盟使所有供应商采纳人人都支持的核心原则。

1.5.3 Tim Berners-Lee

Tim Berners-Lee 是一位英国计算机科学家，他享有发明 Web 的美名。1990 年 10 月 25 日，他通过 HTTP 成功地实现了客户端和服务器之间的通信。Berners-Lee 也是 W3C 的发起人，他把自己的许多发明无私地贡献给了人类。

习题

1. 简述主要的标记语言之间的关系。
2. 简述软件体系结构的演变过程。

第 2 章　超文本标记语言基础

超文本标记语言（Hyper Text Markup Language，HTML）是 Tim Berners-Lee 于 1989 年提出并实施的 Web 页面编写语言。HTML 通过各种标记把在页面中要显示的内容组织起来，从而形成 HTML 文件，浏览器可以解释性执行该文件，并以 Web 网页形式显示，用以共享网络上的信息资源。

HTML 的特点是：独立于平台（计算机硬件和操作系统），即文档可以在具有不同性能（即字体、图形和颜色差异）的计算机上以相似形式显示文档内容；允许文档中的文字、图片等链接到另一文档，这个特性将允许用户在不同计算机中的文档之间及文档内部漫游。

2.1　HTML 概述

2.1.1　从 SGML 到 HTML

标准通用标记语言（Standard Generalized Markup Language，SGML）最初是由 IBM 开发的一种用于排版的标记语言。1984 年国际标准化组织（ISO）于 1986 年正式承认 SGML 为国际标准规范。SGML 是定义电子文档结构和描述内容的国际标准语言，该标准定义了独立于平台和应用的文本文档格式，是所有电子文档标记语言的起源。

SGML 是 HTML 的模板，SGML 本身并不是格式，而是定义其他格式的规范，其主要思想是将文档的内容和格式分开，规定了在文档中嵌入描述标记的标准格式。SGML 文件由 3 部分组成，即语法定义、文件类型定义（Definition Type Document，DTD）和文件实例。语法定义部分定义了文件类型定义和文件实例的语法结构；文件类型定义部分定义了文件实例的结构和组成结构的元素类型；文件实例是 SGML 语言程序的主体部分。但 SGML 过于复杂，很难编写出针对这种语言的解释器，而 XML 作为 SGML 的子集，相对比较简单。

SGML 是在 Web 发明之前就存在的用标记来描述文档资料的通用语言，但十分庞大且难于学习和使用。随着 Internet 的广泛应用，需要一种方便大众使用的描述语言，在这种情况下，HTML 作为一种特殊 DTD 即 SGML 的一种应用应运而生。

2.1.2　HTML 与 URL

统一资源定位符（Uniform Resource Locator，URL）是完整描述 Internet 上网页和其他资源地址的标识方法，当要访问某个网站时，在浏览器的地址栏中输入 URL 即可。Internet 的每个网页都具有其唯一的 URL。这种地址可以是本地磁盘或局域网上的某台计算机，而更普遍的是网站。在 URL 地址中常看到带 HTML 的后缀名，就是指这个网页文件是由 HTML 语言编写的。URL 的格式为(带[ ]的为可选项)：

Protocol :// hostname[:port] / path / [;parameters][?query]#fragment

协议标识符说明使用的协议种类，资源名称用于说明存储资源的 IP 地址或域名，两者用冒号和双斜杠分开。下面举例说明：

ftp://www.pcwebopedia.com/stuff.exe；

http://www.pcwebopedia.com/index.html；

前者说明要用 FTP 协议获取该执行文件，后者指出要用 HTTP 协议获取。

同一个网站下的每个网页都属于同一个地址之下，各网页之间通过超链接进行链接，在创建一个网站的网页时，不需要为每一个链接都输入完全的地址，只需要确定当前文档同站点根目录之间的相对路径关系就可以了。因此，网址可以分为以下 3 种：

绝对路径。如：http://www.sina.com.cn 绝对路径包含了标识 Internet 上的文件所需要的所有信息，包括完整的协议名称、主机名称、文件夹名称和文件名称。

相对路径。如：news/index.htm 是以当前文件所在路径为起点，进行相对文件的查找。一个相对的 URL 不包括协议和主机地址信息，表示它的路径与当前文档的访问协议和主机名相同，甚至有相同的目录路径，通常只包含文件夹名和文件名，甚至只有文件名。可以用相对 URL 指向与源文档位于同一服务器或同文件夹中的文件。此时，浏览器链接的目标文档处在同一服务器或同一文件夹下。

根路径。如：/web/news/index.html。根路径目录地址同样可用于创建内部链接，但大多数情况下，不建议使用此种链接形式。根路径目录地址的书写也很简单，首先以一个斜杠开头，代表根目录，然后书写文件夹名，最后书写文件名。如果根目录要写盘符，就在盘符后使用“|”，而不用“:”。如：d|/web/high/s.html。

表 2-1 相对路径的用法

相对路径名	含义
href="shouey.html"	shouey.html 是本地当前路径下的文件
href ="web/shouey.html"	shouey.html 是本地当前路径下的 Web 子目录下的文件
href ="../shouey.html"	shouey.html 是本地当前目录的上一级子目录下的文件
href ="../../shouey.html"	shouey.html 是本地当前目录的上两级子目录下的文件

那么链接本地机器上的文件时，应该使用相对路径还是根路径？在绝大多数情况下使用相对路径比较好。例如，用绝对路径定义了链接，当把文件夹改名或者移动之后，所有的链接都要失败，这样就必须对所有 HTML 文件的链接进行重新编排，而一旦将此文夹件移到网络服务器上时，需要重新改动的地方就更多了，很麻烦。而使用相对路径，不仅适合本地机器环境，而且在上传到网络或其他系统下时也不需要进行多少更改。

2.1.3 HTML 文档字符集

字符集是文字集的编码（Character Encoding）方式，指抽象字符集和字符参考集合。为了能让各类字符被使用不同语言制作的计算机系统所理解，SGML 规定每种标记语言都要定义其文档字符集。

浏览器可使用不同字符编（解）码方式接收或发送文本。在 Web 上发送 HTML 文档时，Web 服务器需指出文档的解码方式，服务器可以通过 HTTP 的“Content-Type”字段参数向用户代理器传送文档和字符解码方式。但是并非所有的服务器都发送字符解码信息，HTML 允许用户在文档头使用 META 元素来清晰地告诉用户代理器运用何种解码方式。例如，若文档使用“big5”（繁体中文）方式，则在文档头使用如下 META 声明：

<meta http-equiv="Content-Type" content="text/html;charset=big5">

2.1.4　HTML 字符实体

一些字符在 HTML 文档中拥有特殊含义，比如小于号（<）用于定义 HTML 标签的开始。如果希望浏览器正确地显示这些字符，必须在 HTML 代码中插入字符实体。

字符实体有 3 部分：和符号（&）、实体名称（或#加实体编号）和分号（;）。要在 HTML 文档中显示小于号，就写成 “<”或者“<”。

使用实体名称而不是实体编号的好处在于，名称相对来说更容易记忆；而坏处是，并不是所有的浏览器都支持最新的实体名称，然而几乎所有浏览器都支持实体编号。

表 2-2　符号与实体对应表

符号	实体
<	<
>	>
&	&
Nonbreaking space	
-	—
"	"

2.1.5　编写 HTML 文档的方法

HTML 语言编写的文件是标准的 ASCII 文本文件，编写方法有 3 种。

一是由 Web 服务器动态生成。这需要进行后端的网页编程来实现，如 ASP 和 PHP 等，一般情况下需要配合数据库使用。使用文本编辑软件或网页制作工具都可以编写 HTML 文档，产生的过程大概如图 2-1 所示。

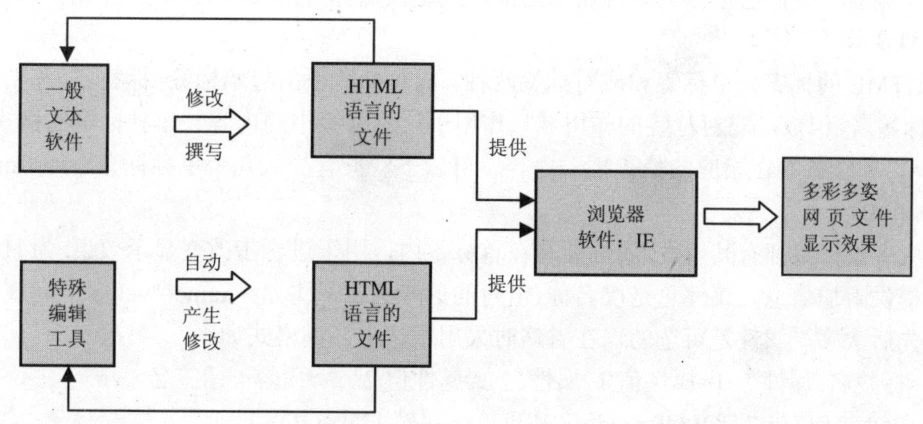

图 2-1　撰写 HTML 的过程与方式

二是使用可视化软件，如 Adobe 公司的 Dreamweaver 可以可视化的方式进行网页的编辑制作，这类软件可以实现编写代码时所见即所得（WYSIWYG）的显示效果。

三是手工直接编写，可以使用文本编辑器编写或修改 HTML 文件，如 Windows 系统的记事本。HTML 文件的扩展名必须是.htm 或者.html，文本编辑软件不提供直接保存成 HTML 文件类型的功能，可以将文件另存为 htm 或 html 的形式。另外，用文本编辑器时，不能直接看到 Web 页面的实际效果，要在浏览器中才能显示出 HTML 代码的显示效果。

2.2 HTML 基本语法

下面对 HTML 的一些常用标签加以介绍。

2.2.1 HTML 元素和标签

HTML 语法不严谨，文档由一系列元素和标签组成。元素名不区分大小写。标签用来规定元素的属性和它在文件中的位置。

元素由首标签、内容和尾标签构成。标签指示元素的起始与结束，所有标签都具有相同的格式：以小于号“<”开头，以大于号“>”结尾。 一般说来，有两种标签：首标签和尾标签，其唯一区别是尾标签多了条斜杠“/”。通过把内容放在首尾标签之间来对内容进行标记。

标签由一些字母组成，且必须放在一对尖括号中。HTML 可支持很多标签，不同的标签代表不同的含义和作用。例如，有的控制文字字体的大小，有的控制将文字居中显示等。当需要对网页某内容的格式进行修改时，就把相应的起始标签放置在该内容前，浏览器就会知道要以何种方式显示网页的内容了，并且在此之后所有内容都会根据此标签的要求改变显示模式，浏览器不知道何时何处停止用这种方式显示，因此需要用终止标签来告诉浏览器在何时何处终止。起始标签和结束标签只是在字母前多一个斜线，例如粗体显示的起始标签为<B>，结束标签为</B>。标签可以放在 HTML 文档中的任意部位，浏览器不会把这些标签本身显示出来，只是按照标签的要求对标签之间的内容进行解释和显示。

HTML 的标签分单标签和成对标签两种。成对标签是由起始标签<标签名>和结束标签</标签名>组成，成对标签的作用域只作用于这对标签中的内容。单独标签的格式<标签名>，单独标签在相应的位置插入内容就可以了，只有少数几个单独标签，如<Img>，<Hr>和
。

大多数标签都有其属性，属性要写在首标签内，用于进一步改变显示效果，为 HTML 元素提供附加信息。属性总是以名称/值对的形式出现，比如：name="value"。各属性之间无先后次序，属性是可选的，在省略时采用默认值；其格式如下：

<标签名 属性名 1=属性值 1 属性名 2=属性值 2 … >内容</标签名>；

如，<FONT SIZE=7 COLOR=red>这是我第一次做主页</FONT>。

使用标签有一些注意事项：标签都用“<”和“>”括起来；标签名与“<”之间不能留有空白字符；并不是所有的标签都需要属性；属性只可加于起始标签中；不同的标

签可以带有不同的属性，属性要和标签同时使用；标记字母大小写不加区分，标记中的属性名和属性值也不区分大小写。

2.2.2　HTML 注释

在 HTML 文档中可以加入注释标签：<!--. . . -->。该标签之间的文字被浏览器解释为注释，旨在增加代码的可读性，并不会在浏览器中显示出来。

在编写 HTML 文档时，如果希望某段标记不执行，可以通过加注释的方式实现，而不用删除它，当以后想运行时再将注释去掉就可以了。

2.2.3 基本结构标签

HTML 文档要包含以下 3 对标签：

<Html>…</Html>

<Head>…</Head>

<Body>…</Body>

1. 文档的开始与结束标签

文档的开始与结束标签<Html>…</Html>是 HTML 文档的容器标签，其中<Html>是起始标签，</Html>是结束标签，其他标记都位于这两个标记之间。这个标记告诉浏览器，这是一个 HTML 文档，应该按照 HTML 语言规则对文档内的标记进行解释。<Html>…</Html>标签不是必需的，但最好不要省略，以保持 HTML 文档结构的完整性。

2. 头标签

文档的头部标签<Head>…</Head>用来设定页面的附加信息，这些信息不是主体内容，但对浏览器而言是很有用的。

Head 元素中可以包含以下标签：

<Title>…</Title>（设置网页的标题）

<Link>…</Link>（当在文档中声明使用外接资源（比如 CSS）时使用此标签）

<Style>…</Style>（在文档中声明样式时使用此标签）

<Script>…</Script>（在文档中使用脚本）

<Meta>…</Meta>（为 HTML 文档提供额外信息）

<Title>…</Title>标签代表了 HTML 文档的标题，此标签只能在<Head>…</Head>标签内出现，内容通常在浏览器的标题栏中显示。此外，浏览器中收藏夹内书签的名称，从搜索引擎搜索到的内容的标签就是<Title>…</Title>标签的内容，所以在编写 HTML 文档时应注意完善<Title>…</Title>标签的内容。

<Meta>标签表示网页的基本信息，<Meta>标签有两个属性：name 和 http-equiv。

name 属性主要用于描述网页，与之对应的属性值为 content，content 中的内容主要是便于搜索引擎机器人查找信息和分类信息用的。meta 标签的 name 属性语法格式是：

＜meta name="参数" content="具体的参数值"＞

其中，name 属性主要有以下几种参数：

Keywords（关键字）：用来告诉搜索引擎网页的关键字是什么。

例：＜meta name ="keywords" content="science,education,culture,human"＞

Description（网站内容描述）：Description 用来告诉搜索引擎的网站主要内容。

例：<meta name="description" content="This page is about education.">

Robots（机器人向导）：Robots 用来告诉搜索机器人哪些页面需要索引，哪些不需要索引。

content 的参数有 all,none,index,noindex,follow,nofollow，默认是 all。

例：<meta name="robots" content="none">

http-equiv 相当于 http 的文件头作用，它可以向浏览器传回一些有用的信息，以帮助正确和精确地显示网页内容，与之对应的属性值为 content。content 中的内容其实就是各个参数的变量值。语法格式是：

<meta http-equiv="参数"content="参数变量值">；

其中，http-equiv 属性主要有以下几种参数：

Expires（期限）：用于设定网页的到期时间。一旦网页过期，必须到服务器上重新传输。

例：<meta http-equiv="expires" content="Fri, 12 Jan 2001 18:18:18 GMT">

Pragma（cache 模式）：禁止浏览器从本地计算机的缓存中访问页面内容。

例：<meta http-equiv="Pragma" content="no-cache">，访问者将无法脱机浏览

Refresh(刷新)：自动刷新并指向新页面。

例：<meta http-equiv="Refresh" content="2；URL=http://www.root.net">

其中，2 是指停留 2 秒钟后自动刷新到 URL 网址。

Set-Cookie（cookie 设定）

例：<meta http-equiv="Set-Cookie"content="cookievalue=xxx; expires=Friday 12-Jan-2001 18:18:18 GMT；path=/">

注意：如果网页过期，那么存盘的 cookie 将被删除。

Window-target（显示窗口的设定）：强制页面在当前窗口以独立页面显示。

例：<meta http-equiv="Window-target" content="_top">

用来防止别人在框架里调用自己的页面。

content-Type（显示字符集的设定）

设定页面字符集<meta http-equiv="content-Type" content="text/html; charset=gb2312">

3. 主体标签

<Body>…</Body>标签是用来定义 HTML 文档主体的标记，以便浏览器显示其中的内容。该标记是 HTML 文档中必须使用的标签，网页的整体风格是通过<Body>…</Body>标签中的属性来实现，常用的属性见表 2-3。

表 2-3 <Body>…</Body>标签属性表

属性	描述
link	设定页面默认的连接颜色
alink	设定鼠标正在单击时的连接颜色
vlink	设定访问后连接文字的颜色
background	设定页面背景图像

（续表）

属性	描述
bgcolor	设定页面背景颜色
leftmargin	设定页面的左边距
topmargin	设定页面的上边距
bgproperties	设定页面背景图像为固定，不随页面的滚动而滚动
text	设定页面文字的颜色

例如：<Body text="#000000" bgcolor="#000000">。再如，可将图像作为为 HTML 文档的背景，语法如下：

<Body　background="图像地址">。

2.2.4 文本格式标签

文本是 HTML 网页中重要的内容之一，将文本放在<Body>和</Body>之间，通过一些标签来设置文本格式。

1. 标题格式标签

标题格式标签可以使标题内容突出显示。<Hn>标签是成对出现的，可以定义出不同字号的标题，共分为 6 级，在<h1>…</h1>之间的文字就是第一级标题，是最粗的标题；<h6>…</h6>之间的文字是最后一级，是最细的标题。每个标题标记所标记的字句将独占一行且上下留一空白行，其本身具备换行功能。Align 属性用于设置标题的对齐方式，其参数为 left（左），center（中），right (右)。

标题标记的格式为：

<Hn align=参数>标题内容</Hn>，其中，n 为 1，2，3，4，5，6。

2. 字体控制标签

使用<Font>…</Font>标签可控制文字的字体、大小和颜色，通过设置其中的属性来实现。语法格式为：

<Font face=字体名称　size=字号大小　color=颜色属性值>文字内容</font>

其常用属性见表 2-4。

表 2-4　<Font>…</Font>标签属性表

属性	使用功能	默认值
Face	设置文字使用的字体	宋体
Size	设置文字的大小	3
Color	设置文字的颜色	黑色

说明：如果用户系统中没有 face 属性所指的字体，则将使用默认字体。size 属性的取值为 1～7。也可以用"+"或"-"来设定字号的相对值。color 属性的值为：RGB 颜色"#nnnnnn"或颜色的英文名称。

例如，下列代码可以实现如图 2-2 所示的文字效果。

```
<Body>
<center>
<font face=黑体 size=6 color="red" >盼望着，盼望着，东风来了，春天脚步近了。
```

```
</font>
<p>
<font  face=隶书  size=+3 color="green">
一切都像刚睡醒的样子，欣欣然张开了眼。<p>山朗润起来了，水涨起来了，太阳
的脸红起来了。
</font><p>
<font  face=楷体  size=4 color="#ff00ff">
小草偷偷地从土里钻出来，嫩嫩的，绿绿的。<p>园子里，田野里，瞧去一大片一
大片满是的。<p>坐着，躺着，打两个滚，踢几脚球，赛几趟跑，捉几回迷藏。<p>
风轻悄悄的，草软绵绵的。
</font>
</center>
</Body>
```

有时候，需要在页面中使用一些特殊效果字体，如加粗、斜体、加下划线等，可以通过以下的标签加以控制实现。

①字体加粗标签：<B>…</B>

②斜体文字：<I>…</I>

③下划线文字：<U>…</U>

使用以上标签时，将要设置的文字内容放在标签之内就可以了。例如，下面的代码可以实现图 2-3 的文字效果：

```
<Body>
<center>
<font color="#FF0000" size="+2"><b>这些文字是粗体的</b></font><br><br>
<i>这些文字是斜体的</i> <br><br>
<u>这些文字带有下划线</u>
</center>
<Body>
```

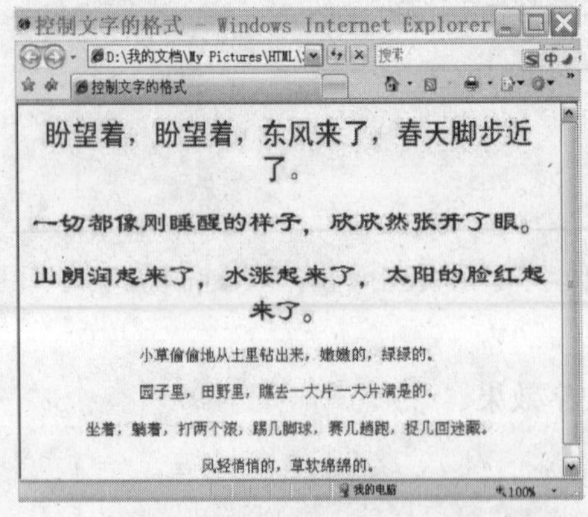

图 2-2　<Font>…</Font>标签

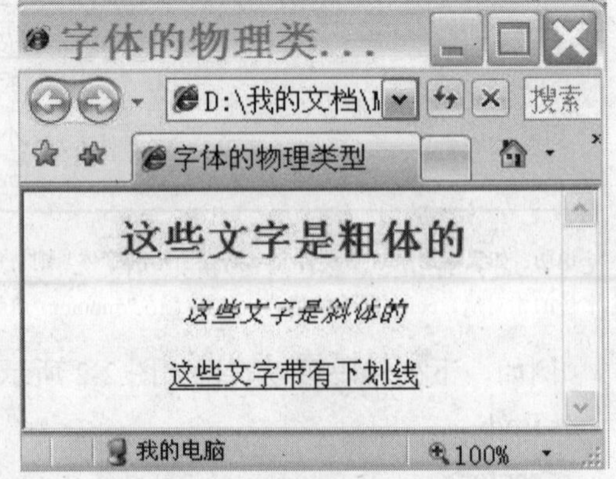

图 2-3　特殊字体效果标签

3. 段落标签与换行标签

段落标签<P>是 HTML 标签中最常见的一种符号，它位于各段落起始部位。使用该标签后，每块文本段落之间都会空出一行。<P>标签可以单独使用，也可以成对使用。单独使用时，下一个<P>的开始就意味着上一个<P>的结束，良好的习惯是成对使用。

Align 是<P>标签的常用属性，用于指定段落的水平对齐方式，该属性有 3 个参数：left，center，right，分别把段落文字设置成左、中、右对齐方式。

例如，下面的代码可以实现图 2-4 所示的效果：

```
<Body>
<p>花儿什么也没有。它们只有凋谢在风中的轻微、凄楚而又无奈的吟怨，就像那受到了致命伤害的秋雁，悲哀无助地发出一声声垂死的鸣叫。</p>
<p align="right">或许，这便是花儿那短暂一生最凄凉、最伤感的归宿。</p>
<p align=center>而美丽苦短的花期</p>
<p align="left">却是那最后悲伤的秋风挽歌中的瞬间插曲。</p>
</Body>
```

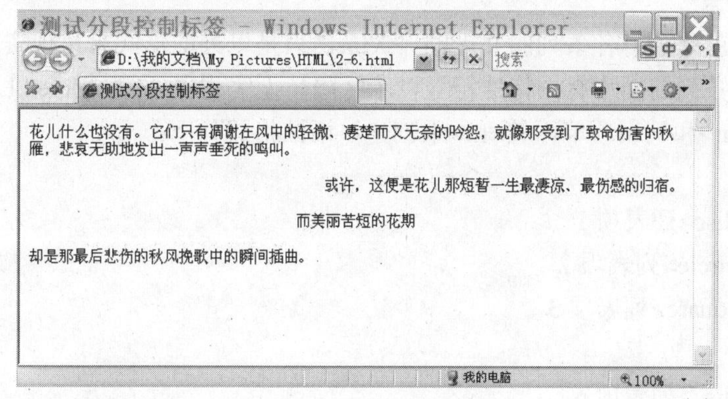

图 2-4　段落标签

可以看出，虽然在 HTML 文档中有些内容已经另起一行了，但是在没有遇到新分段或分行标记时，浏览器是不会自动另起一行的。

大多数情况下，段落标记<P>是分隔文本的最佳符号，但有时可能会希望内容另起一行，且在新行与上一行之间并不空出一行间距，从逻辑上讲仍属于一段，此时可以使用换行标记
。

换行标签是个单标签，不用结束标签。同时该标签没有任何属性，属于空标签。在 HTML 文档中的任何位置只要使用了
标签，当文件显示在浏览器中时，该标签之后的内容将显示在下一行。

例如，下面的代码可以实现图 2-5 所示的效果：

```
<Body>
无换行标记：登鹳雀楼　白日依山尽，黄河入海流。欲穷千里目，更上一层楼。
<br>有换行标记：<br>登鹳雀楼<br>白日依山尽，<br>黄河入海流。<br>欲穷千里目，<br>更上一层楼。
</Body>
```

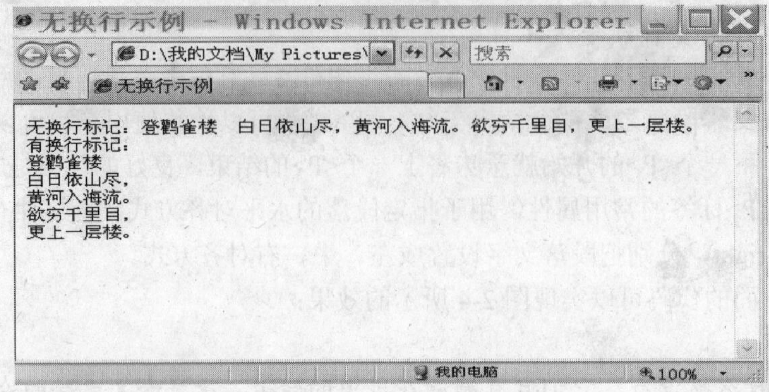

图 2-5　换行标签

2.2.5 列表标签

合理使用列表标签可以起到利用提纲和格式使文本有序排列的作用。列表标签分为有序列表、无序列表和定义列表标签。

1. 无序列表

无序列表就是项目各条列间并无顺序关系，只是以列的形式来呈现资料而已，此种无序标签在各条列前面均有一特殊符号以示区隔。无序列表（Unordered List）可以使用标签<ul>…</ul>和列表项单标签<Li>来创建，语法格式如下：

```
<ul>
<li type=disc>列表项 1
<li type=circle>列表项 2
<li type=square>列表项 3
…
<li type=disc>列表项 n
</ul>
```

其中，<li>标签中的 Type 属性用来定制列表元素，该属性可以有 3 个参数：disc（实心圆），circle（空心圆），square（小方块），属性参数都必须使用小写字母。如果不为<li>标签定义属性参数，那么默认情况下列表元素为实心圆。

例如，下面的代码可以实现图 2-6 所示的效果：

```
<Body>
<ul>
<li>默认的无序列表加"实心圆"
<li>默认的无序列表"实心圆"
<li>默认的无序列表"实心圆"
</ul>
<ul>
<li type=square>无序列表 square 加方块
<li type=square>无序列表 square 加方块
<li type=square>无序列表 square 加方块
```

```
</ul>
<ul>
<li type=circle>无序列表 circle 加空心圆
<li type=circle>无序列表 circle 加空心圆
<li type=circle>无序列表 circle 加空心圆
</ul>
</Body>
```

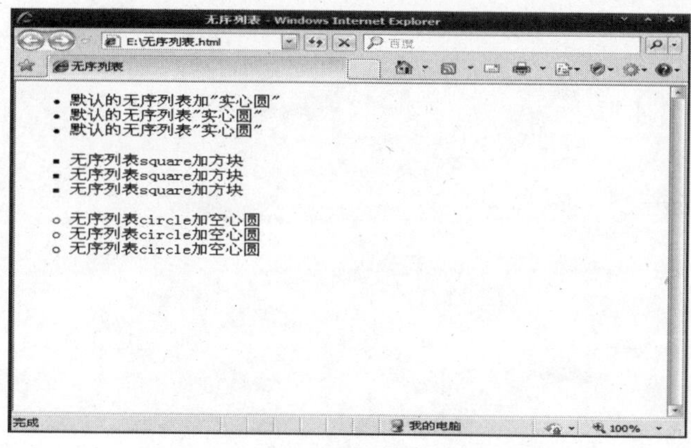

图 2-6　无序列表

2. 有序列表

有序列表（Ordered List）指各条列之间是有顺序的，在各列表项前面显示数字或字母的缩排列表，可以使用有序列表标签<ol>…</ol>和列表项标记<li>来创建，使用<ol>…</ol>标签的结果是创建带有前后顺序之分编号的列表。如果插入和删除一个列表项，编号会自动调整。顺序编号的设置是由<ol>…</ol>标签的两个属性 type 和 start 来完成的。start 的值为编号开始的数字，如 start=2 则编号从 2 开始，如果从 1 开始可以省略，或是在<li>标签中设定 value＝"n"来改变列表行项目的特定编号，例如<li value="7">。type 的值是用于编号的数字，字母等的类型，如 type=a，则编号用英文字母。使用这些属性时，需要将它们放在<ol>或<li>的初始标签中。

语法格式如下：

```
<ol type=编号类型  start=value>
<li>列表项 1
<li>列表项 2
<li>列表项 3
…
<li>列表项 n
</ol>
```

需要用</ol>标签结束列表，而</li>是可选项，可以忽略的。下列代码中使用了有序列表标签，文字效果如图 2-7 所示：

```
<Body>
```

```
<ol>
<li>默认的有序列表
<li>默认的有序列表
<li>默认的有序列表
</ol>
<ol   type=a start=5>
<li>第 1 项
<li>第 2 项
<li>第 3 项
<li value= 20>第 4 项
</ol>
<ol   type= I start=2>
<li>第 1 项
<li>第 2 项
<li>第 3 项
</ol>
</Body>
```

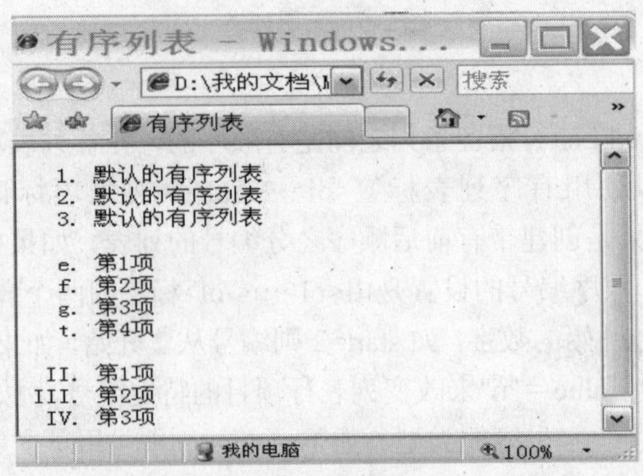

图 2-7 有序列表

3. 定义列表

列表允许列出术语及其定义。这种列表的语法是：<dl>…</dl>。其中，每个术语的语法是<dt>，定义的语法是<dd>；而结束标签</dt>和</dd>是可选项，能省略。例如：

```
<dl>
   <dt>the first term</dt>
   <dd>its definition</dd>
   <dt>the second term</dt>
   <dd>its definition</dd>
   <dt>the third term</dt>
   <dd>its definition</dd>
```

</dl>

注意：列表能相互嵌套，也可利用段落和头标签。

2.2.6 超链接标签

超链接(简称链接)是从一个 Web 资源到另一个 Web 资源的链接。虽然概念简单，但它是 Web 成功的主要动力之一，是 Web 的灵魂。

链接有两个端点（称为锚 anchors）和一个方向。链接始于源 anchor 而终于目标 anchor，anchor 可以是任何 Web 资源，如图片、音视频文件、程序、HTML 文档、HTML 文档内的元素。

建立超链接的标签为<A>…</A>，语法格式为：

<A Href="URL" Target="目标网页窗口名称" Title="链接显示的文字">链接载体</A>

设计超链接时，要确定以下事项：链接载体（通常是文本或图像），若为文本，通常称为锚文本（anchor text）；链接目标可以是多种资源，如网页、图像、文档、声音、FTP 等。其中，Href 属性是必须设定参数的项目，其目的是为了设定要链接到 Web 的资源名称如文件名称，若该文件与本页面不在同一目录，需加上适当路径，相对路径或绝对路径都可以（路径的选择和格式参看本书 2.1.2 小节）。Target 属性用于指定打开链接的目标窗口，其默认方式是原窗口，其参数如表 2-5 所示；Title 属性用来设置指向链接显示的文字，当鼠标在链接载体上悬停时，将显示该属性中设置的参数，此属性是可选项。

表 2-5 Target 属性表

属性值	描 述
_parent	在上一级窗口中打开，一般使用分帧的框架页会经常使用
_blank	在新窗口打开
_self	在同一个桢或窗口中打开，这项一般不用设置
_top	在浏览器的整个窗口中打开，忽略任何框架

下列代码中使用了超链接标签链接互联网中的站点，页面效果如图 2-8 所示：

```
<Body>
<center>
<h2>绝对路径链接</h2>
<hr>
<A href="http://www.sina.com.cn" >
<img src="../../imgelogo(3).gif/"></A><br><br>
<A href="http://www.tsinghua.edu.cn">清 华 大 学</A><br><br>
<A href="http://www.pku.edu.cn">北 京 大 学</A><br><br>
<A href="http://www.shisu.edu.cn" target=_blank>上海外国语学院</A><br>
</Center>
</Body>
```

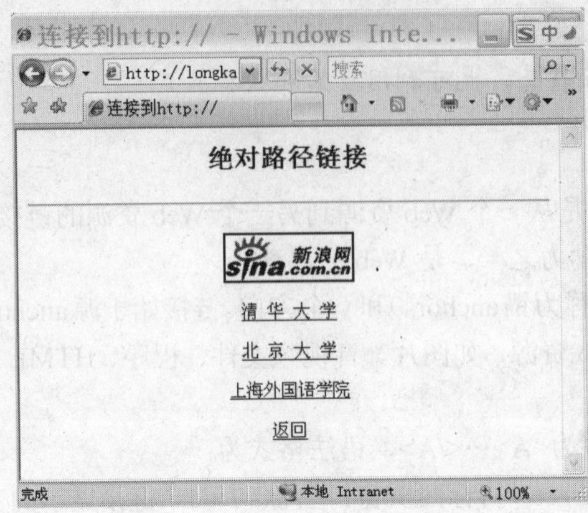

图 2-8 超链接标签

2.2.7 图像标签

图像可以使 HTML 文档美观生动。Internet 中常用的图像格式有 jpeg，bmp，gif。使用<Img>标签可以在 HTML 文档中加入图像，该标记为单标记。其语法格式如下：

<img src="图像文件名" width=宽度 height=高度 hspace=间距 border=边框宽度 align="对齐方式" alt="提示文本">

属性的参数列表如表 2-6 所示。

表 2-6 <Img>标签属性列表

属性	描述
Src	图像的 URL 的路径
Alt	提示文字
Width	宽度，通常只设为图片的真实大小以免失真，改变图片大小最好用图像工具
Height	高度，通常只设为图片的真实大小以免失真，改变图片大小最好用图像工具
Dynsrc	avi 文件的 URL 的路径
Loop	设定 avi 文件循环播放的次数
Loopdelay	设定 avi 文件循环播放延迟
Start	设定 avi 文件的播放方式
Lowsrc	设定低分辨率图片，若所加入的是一张很大的图片，可先显示图片
Usemap	映像地图
Align	图像和文字之间的排列属性
Border	边框
Hspace	水平间距
Vlign	垂直间距

其中，只有 Src 参数为必选项，该参数用以设定需要加入网页的图像文件名称，若该文件与本页面不在同一目录，需加上适当的路径。

下列代码是<Img>标签应用的示例，显示效果如图 2-9 所示：

```
<Body>
<img src= ="../../imge/qiu.jpg" align="left" hspace="20" vspace="20">
<font size="+3">秋雨无声无息地下着。<br>
飒飒的秋风不可一世地横行在萧条的郊外。无力与秋风抗争的枯叶，只能带着丝丝牵挂，无可奈何地飘离留恋的枝头。秋蝉哀弱的残声逐渐地少了，地上落叶多了……<br>
黄昏，我漫步在郊外的林间，想细细地品味秋雨的凄冷。然而，“雨到深秋易作霖，萧萧难会此时心”，此时，又有谁能听我诉说心中的那份情怀呢？</font><br>
</Body>
```

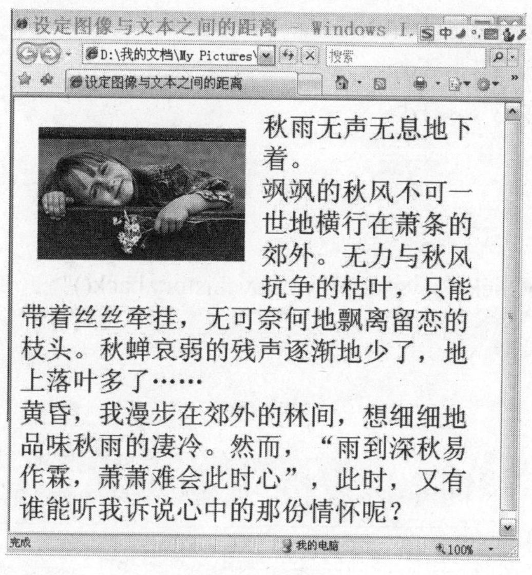

图 2-9　图像标签

2.2.8 表格标签

利用表格可以方便和灵活地排版，使得关联的信息元素集中定位，使网页中的信息元素井然有序。目前，许多大型动态网页设计时都使用表格进行排版。表格是由行和列组成的，而行和列中可以包含一个或多个表格单元（单元格），在表格中可以包含文本、图像、表单以及其他页面元素。表格通过<Table>…</Table>，<Tr>…</Tr>，<Th>…</Th>和<Td>…</Td>标签实现，如表 2-7 所示：

表 2-7　表格标签

标签	描述
<Table>…</Table>	用于定义一个表格开始和结束
<Tr>…</Tr>	定义一行，行标签内可以建立多组由<Td>或<Th>标签定义的单元格
<Th>…</Th>	定义表头单元格，可省略。文字将以粗体显示。<Th>标签必须放在<Tr>标签内
<Td>…</Td>	定义单元格，<Td>标签必须放在<Tr>标签内

表格必须包含一组<Table>…</Table>，<Tr>…</Tr>，<Td>…</Td>或<Th>…</Th>标签。这一系列标签的使用方法可以在以下代码中体现，代码效果如图 2-10 所示：

```
<Body>
<Center>
<Table border="1">
<Tr>
<Td>第 1 行中的第 1 列</Td>
<Td>第 1 行中的第 2 列</Td>
<Td>第 1 行中的第 3 列</Td>
</Tr>
<Tr>
<Td>第 2 行中的第 1 列</Td>
<Td>第 2 行中的第 2 列</Td>
<Td>第 2 行中的第 3 列</Td>
</Tr>
</Table>
<p> </p>
<p><a href="#" onClick="javascript:window.history.back()">返回</a>
</p>
</Center>
</Body>
```

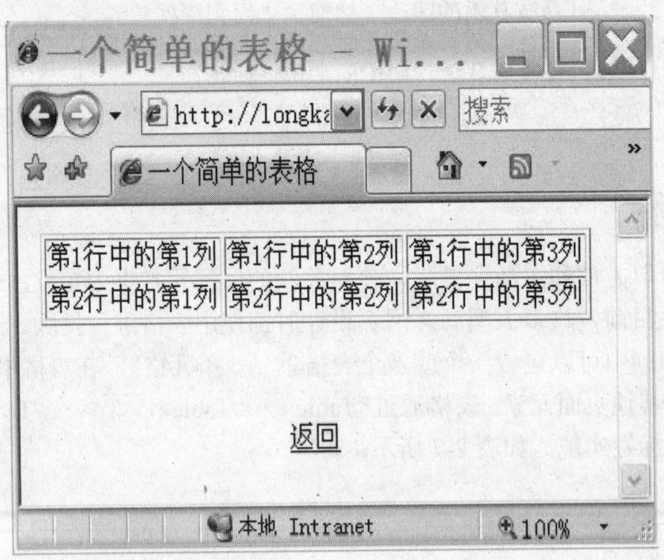

图 2-10 表格标签

表格标签<Table>…</Table>有很多属性，最常用的属性如表 2-8 所示：

表 2-8　表格标签<Table>…</Table>属性

属性	描述
Width	表格的宽度
Height	表格的高度
Align	表格在页面的水平摆放位置
Background	表格的背景图片
Bgcolor	表格的背景颜色
Border	表格边框的宽度（以像素为单位）
Bordercolor	表格边框颜色
Bordercolorlight	表格边框明亮部分的颜色
Bordercolordark	表格边框昏暗部分的颜色
Cellspacing	单元格之间的间距
Cellpadding	单元格内容与单元格边界之间的空白距离的大小

表格是由行和列组成的，行标签<Tr>…</Tr>可用一些可选属性（表 2-9）来修饰：

表 2-9　行标签属性

属性	描述
Align	行内容的水平对齐
Valign	行内容的垂直对齐
Bgcolor	行的背景颜色
Bordercolo	行的边框颜色
Bordercolorlight	行的亮边框颜色
Bordercolordark	行的暗边框颜色

<Th>…</Th>和<Td>…</Td>都是插入单元格的标签，这两个标签必须嵌套在<Tr>…</Tr>标签内，且成对出现。<Th>…</Th>为表头标签，表头标签一般位于首行或首列，标签之间的内容就是位于该单元格内的标题内容，其中的文字以粗体居中显示。数据标签<Td>…</Td>就是该单元格中的具体数据内容。<Th>…</Th>和<Td>…</Td>标签的属性一样，其属性如表 2-10 所示：

表 2-10　<Th>…</Th>和<Td>…</Td>标签的属性

属 性	描 述
Width/height	单元格的宽和高，取绝对值（如 80）或相对值（如 80%）
Colspan	单元格向右打通的栏数
Rowspan	单元格向下打通的列数
Align	单元格内字画等的水平位置，可选值为 left/center/right
Valign	单元格内字画等的垂直位置，可选值为 top/middle/bottom

（续表）

属 性	描 述
Bgcolor	单元格的底色
Bordercolor	单元格边框颜色
Bordercolorlight	单元格边框向光部分的颜色
Bordercolordark	单元格边框背光部分的颜色
Background	单元格背景图片

<Th>…</Th>和<Td>…</Td>的使用方法都可以在下列代码中体现，代码运行的效果如图 2-11 所示：

```
<Body>
<Table border=1 align="center" height="150" width="80%">
<Tr>
<Th width=70 bgcolor="#FFCC00">姓  名</Th>
<Th bgcolor="#FFCCFF">性  别</Th>
<Th background="../../imge/b0024.gif">年  龄</Th>
<Th background="../../imge/aki-5.gif">专  业</Th>
</Tr>
<Tr>
<Td bordercolor=red align="left">王玲</Td>
<Td bordercolorlight="#FFCCFF" bordercolordark="#FF0000" align="center">女</Td>
<Td bgcolor="#FFFFCC" valign="bottom" align="center">18</Td>
<Td bgcolor="#CCFFFF" align="right">学生</Td>
</Tr>
</Table>
</Body>
```

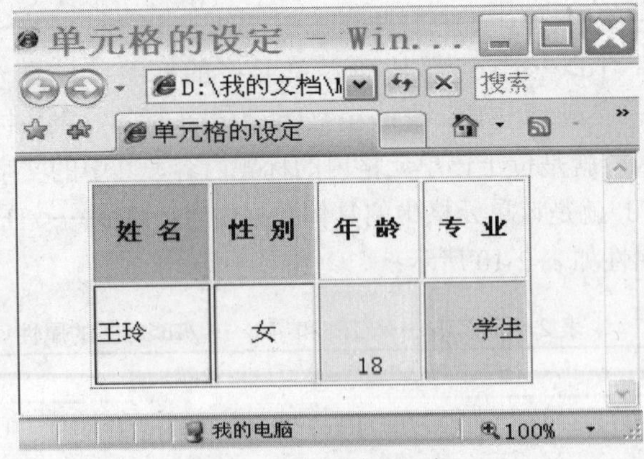

图 2-11 单元格标签

2.2.9 表单标签

表单是收集 Web 网页访问者填写信息的元素，具有数据采集的功能，比如可以采集访问者的名字和 email 地址、调查表结果、留言簿内容等。表单在进行用户信息的收集之后，将这些数据提交给服务器进行处理。表单可以包含用户进行交互的各种控件，例如文本框、列表框、复选框和单选按钮等。站点访问者可以通过输入文本、单击单选按钮和复选框，以及从下拉列表中选择选项等方式填写表单，填写完毕之后选择送出数据，站点将收集的用户数据送入制定的表单处理程序，完成数据的处理工作。

表单标签的基本结构是在<Form>…</Form>标签之间加上若干个表单控件元素标记。创建表单的语法格式如下：

<Form name="表单名"action="URL"method="Get"或"Post"Target="目标网页窗口名称" >…</Form>

其中，<Form>标记具有 action，method 和 target 属性。action 的值是处理程序的程序名(包括网址或相对路径)，如：<Form action="用来接收表单信息的 URL">，如果这个属性是空值("")则当前文档的 URL 将被使用。当用户提交表单时，服务器将执行网址里面的程序。method 属性用来定义处理程序从表单中获得信息的方式，可取值为 GET 或 POST。GET 方式是处理程序从当前 Html 文档中获取数据，然而传送的数据量有所限制，一般限制在 1kB（255 个字节）以下；而 POST 传送的数据量要比 GET 大得多。target 属性用来指定目标窗口，_self 指定选当前窗口，_parent 指定选父窗口，_top 指定选顶层窗口，_blank 指定选空白窗口。

同时，有必要为表单添加以下控件元素：

1. 输入

在 HTML 语言中，用<Input>标签在表单中定义完成输入功能的控件，此标签用来定义用户输入区，用户可在其中输入信息。此标志只能用在<Form>…</Form>标签中。

<Input>有 9 种输入类型，由 type 属性说明，其通用格式为：<Input type="">。Type 不同，属性就不同，下面分别说明：

单行文本输入区域：<Input type="TEXT" size="" maxlength="">。其中 size 与 maxlength 属性用来定义此种输入区域显示的尺寸大小与输入的最大字符数。

普通按钮，<Input type="button">。当这个按钮被点击时，就会调用属性 onclick 指定的函数；在使用这个按钮时，一般配合使用 value 指定在它上面显示的文字，用 onclick 指定一个函数，一般为 JavaScript 的一个事件。

提交到服务器的按钮，<Input type="SUBMIT">。当这个按钮被点击时，就会连接到表单 form 属性 action 指定的 url 地址。

重置按钮：<Input type="RESET">。单击该按钮可将表单内容全部清除，重新输入数据。

复选框：<Input type="CHECKBOX" checked>。checked 属性用来设置该复选框缺省时是否被选中，右边示例中使用了 3 个复选框。

隐藏区域：<Input type="HIDDEN">。用户不能在其中输入，用来预设某些要传送的信息。

使用图像的提交按钮：<Input type="IMAGE" src="URL">。图像的源文件名由 src 属性指定，用户点击后，表单中的信息和点击位置的 X、Y 坐标一起传送给服务器，src 指定图像的 URL 地址。

输入密码的区域：<Input type="PASSWARD">，当用户输入密码时，区域内将会显示"*"号。

单选按钮类型：<Input type="RADIO">。checked 属性用来设置该单选框缺省时是否被选中，右边示例中使用了 3 个单选框。

2. 多行文本框

<Textarea>…</Textarea>标签用来定义可以输入多行的文本框，只能用在<Form>…</Form>标签之间。语法格式如下：

<Textarea name="对象名"cols=n rows=n readonly> 文本区中的字符串 </Textarea>

除 name 外，其他属性都为可选属性，各个属性的含义如下：name 指定多行文本框的名称；Cols 设定文字区块的字符宽度；Rows 设定文字区块的列数，即其高度；Readonly 设定多行文本框中的内容为只读。

3. 列表框

若要让访问者从列表中进行选择时，可以用<select>…</select>标签来创建一个可以复选的列表，此标签用于<Form>…</Form>之间。列表框中的项目用<Option>标签来指定。其语法格式如下：

```
<Select name="对象名">
<Option value=可选项 1 的值[selected] >可选项 1 的提示</Option>
<Option value=可选项 2 的值[selected] >可选项 2 的提示</Option>
…
</Select>
```

其中，name 用于制定表单元素的名称；<Option>标记用来在由<Select>标记所指示的列表框中指示一个选项；value 指定某一选项的值，可以自行修改，表单处理程序中接收的是此属性传送的值，但不同选项必须有不同的值；selected 指定某选项为默认选中项，如果不指定此参数，则第一项为默认选项。

2.2.10 框架标签

框架是一种特殊的网页结构，它将浏览器窗口分为几个小窗口，每一个小窗口都可以显示一个独立的网页，还可以在同一个屏幕上的各窗口之间设置超链接。在看到的网页中，每一个拆分的区域都是一个框架。

HTML 文档通过<Frameset>…</Frameset>来定义框架，在使用框架标签时，<Body>…</Body>被框架集标签<Frameset>…</Frameset>所取代，然后通过<Frameset>…</Frameset>的子窗口标签<Frame>定义每一个子窗口和子窗口的页面属性。语法格式如下所示：

```
<Frameset>
<Frame src="URL 地址 1">
<Frame src="URL 地址 2">
…
</Frameset>
```

子窗口标签的 src 属性的每个 URL 指定了一个 HTML 文档地址，地址路径可使用绝对路径或相对路径，这个文件将载入相应的窗口中。

<Frameset>…</Frameset>标签的属性如表 2-11 所示：

表 2-11　<Frameset>…</Frameset>标签属性

属 性	描 述
Border	设置边框粗细，默认是 5 像素
Bordercolor	设置边框颜色
Frameborder	指定是否显示边框："0"代表不显示边框，"1"代表显示边框
Cols	用"象素数" 和 "%"分割左右窗口，"*"表示剩余部分
Rows	用"象素数" 和 "%"分割上下窗口，"*"表示剩余部分
Framespacing="5"	表示框架与框架间的保留空白的距离
Noresize	设定框架不能够调节，只要设定了前面的，后面的将继承

子窗口标签<Frame>属性如表 2-12 所示：

表 2-12　子窗口标签<Frame>属性

属性	描 述
Src	指示加载的 URL 文件的地址
Bordercolor	设置边框颜色
Frameborder	指示是否要边框，1 显示边框，0 不显示（不提倡用 yes 或 no）
Border	设置边框粗细
Name	指示框架名称，是连结标记的 target 所要的参数
Noresize	指示不能调整窗口的大小，省略此项时就可调整
Scrolling	指示是否要滚动条，auto 根据需要自动出现，Yes 表示有，No 表示无
Marginwidth	设置内容与窗口左右边缘的距离，默认为 1
Marginheight	设置内容与窗口上下边缘的边距，默认为 1
Width	框窗的宽及高，默认为 width="100" height="100"
Align	可选值为 left，right，top，middle，bottom

根据框架集标签<Frameset>的分割属性，框架结构一般分为 3 种：

1. *左右分割窗口*

若要在水平方向将浏览器分割多个窗口，需要使用到框架集的左右分割窗口属性 cols。分割几个窗口其 cols 的值就有几个，值的定义为宽度，可以是数字（单位为像素），也可以是百分比和剩余值，各值之间用逗号分开。其中剩余值用“*”号表示，剩余值表示所有窗口设定之后的剩余部分，当“*”只出现一次时，表示该子窗口的大小将根据浏览器窗口的大小自动调整，当“*”出现一次以上时，表示按比例分割剩余的窗口空间。cols 的默认值为一个窗口。

如：<Frameset cols="40%,2*,*"> 将窗口分为 40%，40%，20%；

<Frameset cols="100,*,*">将 100 像素以外的窗口平均分配；

<Frameset cols="*,*,*">将窗口分为 3 等份。

首先要新建一个文件夹，然后做 3 个要放到子窗口中的页面：sl1.html，sl2.html，sl3.html。

下列代码可以实现框架集窗口的左右分割，显示效果如图 2-12 所示：

```
<Frameset    cols="20%,2*,*" Framespacing="1" Frameborder="yes" border="1"
bordercolor="#FF00FF">
<Frame src="sl1.html">
<Frame src="sl2.html">
<Frame src="sl3.html">
</Frameset><noframes></noframes>
```

2. 上下分割窗口

下列代码可以实现框架集窗口的左右分割，显示效果如图 2-13 所示：

```
<Frameset rows="20%,*,200" Framespacing="1" Frameborder="yes" border="1"
bordercolor="#FF00FF">
<Frame src="sl1.html">
<Frame src="sl2.html">
<Frame src="sl3.html" noresize="noresize">
</Frameset><noframes></noframes>
```

3. 嵌套分割窗口

下列代码可以实现框架集窗口的嵌套分割，显示效果如图 2-14 所示：

```
<Frameset cols="20%,*" Framespacing="1" Frameborder="yes" border="1"
bordercolor="#FF00FF">
<Frame src="sl1.html">
<Frameset rows="300,500"Framespacing="1" Frameborder="yes" border="1"
bordercolor="#FF00FF">
<Frame src="sl2.html">
<Frame src="sl3.html">
</Frameset>
</Frameset><noframes></noframes>
```

图 2-12 左右分割框架

图 2-13 上下分割框架

图 2-14 嵌套分割框架

2.3 HTML 事件

HTML 4.0 新特性之一是可以在浏览器中用 HTML 事件触发行为，如当用户点击 HTML 元素时，启动相应的 JavaScript 代码段。

在浏览器中一般都内置有大量的事件处理器。这些处理器会监视特定的条件或用户行为，例如鼠标单击或浏览器窗口中完成加载某个图像。通过使用客户端的 JavaScript，可以将某些特定的事件处理器作为属性添加给特定的标签，并可以在事件发生时执行一个或多个 JavaScript 命令或函数。

事件处理器的值是一个或一系列以分号隔开的 Javascript 表达式、方法和函数调用，并用引号引起来。当事件发生时，浏览器会执行这些代码。

以下是一些 HTML 标签的属性，用于定义事件行为，属性属于不同的标签，如 Body 和表单等（表 2-13，表 2-14，表 2-15，表 2-16）。

表 2-13 Body 元素的窗口事件（仅在 Body 元素中有效）

属性	值	描述
Onload	脚本	当文档载入时执行脚本
Onunload	脚本	当文档卸载时执行脚本

表 2-14 表单元素的事件（仅在表单元素中有效）

属性	值	描述
Onchange	脚本	当元素改变时执行脚本
Onsubmit	脚本	当表单被提交时执行脚本
Onreset	脚本	当表单被重置时执行脚本
Onselect	脚本	当元素被选取时执行脚本
Onblur	脚本	当元素失去焦点时执行脚本
Onfocus	脚本	当元素获得焦点时执行脚本

表 2-15　一些标签的键盘事件

属性	值	描述
Onkeydown	脚本	当键盘被按下时执行脚本
Onkeypress	脚本	当键盘被按下后又松开时执行脚本
Onkeyup	脚本	当键盘被松开时执行脚本

注：在下列元素中无效：base, bdo, br, Frame, Frameset, head, HTML, iframe, meta, param, script, style，title 元素。

表 2-16　一些标签的鼠标事件

属性	值	描述
Onclick	脚本	当鼠标被单击时执行脚本
Ondblclick	脚本	当鼠标被双击时执行脚本
Onmousedown	脚本	当鼠标按钮被按下时执行脚本
Onmousemove	脚本	当鼠标指针移动时执行脚本
Onmouseout	脚本	当鼠标指针移出某元素时执行脚本
Onmouseover	脚本	当鼠标指针悬停于某元素之上时执行脚本
Onmouseup	脚本	当鼠标按钮被松开时执行脚本

注：在下列元素中无效：base, bdo, br, Frame, Frameset, head, HTML, iframe, meta, param, script, style,title 元素。

下面代码为如何使用事件进行编程的例子，代码运行的效果如图 2-15 所示：

```
<head>
<script type="text/javascript">
var c=0
var t
function timedCount()
{
document.getElementById('txt').value=c
c=c+1
t=setTimeout("timedCount()",1000)
}
</script>
</head>
<Body>
<form>
<input type="button" value="开始计时！ " onClick="timedCount()">
<input type="text" id="txt">
</form>
<p>请点击上面的按钮。输入框会从 0 开始一直进行计时。</p>
</Body>
```

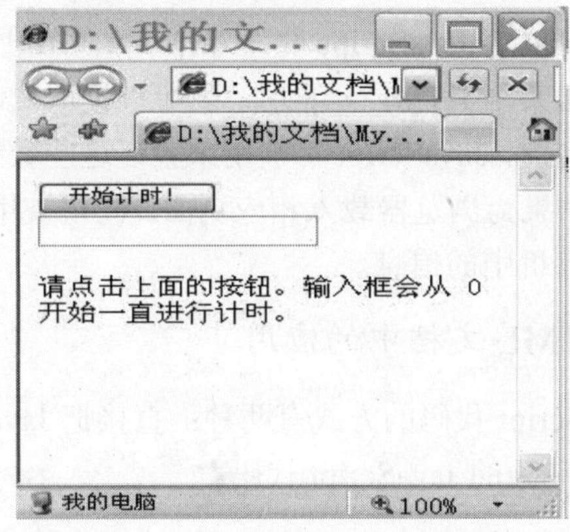

图 2-15　在一个无穷循环中的计时事件

2.4　客户端动态 HTML 页面编程技术简介

在前面章节中，已经系统介绍了 HTML 文档的常用标签，使用这些标签已可以制作静态网页和网站。

早期的 Web 站点大都属于静态网站，由多个静态 HTML 页面组成。所谓静态是指网页的内容固定不变，当用户浏览器通过互联网的 HTTP 协议向 Web 服务器请求提供网页内容时，服务器仅仅是将原先设计好并储存在服务器中的静态页面文档传送给用户浏览器。网站维护者若要更新网页的内容，就必须手动来更新其所有的 HTML 文档。

静态网站的致命弱点是：一方面，不容易维护。当需要不断更新网页内容时，就必须不断地重复制作 HTML 文档，随着网站内容和信息量的日益扩增，网页维护工作量巨大。另一方面，缺少与用户的交互性，用户只能被动地浏览网页的内容，不能与服务器进行信息交流活动。

当然，还可用客户端脚本语言生成动态 HTML 页面，以丰富网页效果和增强文档功能。客户端脚本语言有 JavaScript 和 VBScript 等。

现在动态网站的开发技术已经成为 Web 网站的开发主流，这种开发技术使网站更具实用性，而且维护也更加方便。动态网站技术的详细介绍请参见 JSP 和 PHP 技术的介绍。

2.4.1　JavaScript 基本概念

JavaScript 旨在及时响应用户操作，为用户提供更流畅的浏览效果。JavaScript 代码没有独立的运行窗口，浏览器的当前窗口就是运行窗口。任何可以编写 HTML 文档的软件都可以用来编写 JavaScript 代码。可用 JavaScript 向 HTML 页面添加交互行为。JavaScript 是一种脚本语言（一种轻量级编程语言），由数行可执行计算机代码组成，通常被直接嵌入 HTML 页面。JavaScript 是一种解释性语言，代码执行不需要预编译。

2.4.2　JavaScript 的作用

JavaScript 的作用：①可以将动态文本放入 HTML 页面，类似于这样一段 JavaScript 声明可以将一段可变的文本放入 HTML 页面：document.write("<h1>" + name + "</h1>")。

②可以对事件作出响应，可以将 JavaScript 设置为当某事件发生时才会被执行，例如页面载入完成或者当用户点击某个 HTML 元素时。③可以读取及改变 HTML 元素的内容。④在数据被提交到服务器之前，JavaScript 可被用来验证这些数据。⑤可被用来检测访问者的浏览器，并根据检测结果为浏览器载入相应页面。⑥可被用来创建 cookies，用于存储和取回位于访问者的计算机中的信息。

2.4.3 JavaScript 在 HTML 文档中的应用

HTML 文档使用 JavaScript 代码的方式有两种：直接把 JavaScript 代码插入 HTML 文档，用 HTML 文档调用单独的 JavaScript 代码。

1. 嵌入式方法

JavaScript 可以出现在 HTML 的任何地方。使用标记<script>…</script>，可以在 HTML 文档的任何地方插入 JavaScript，也可以在<HTML>之前插入，基本的语法格式是：

```
<script   language="JavaScript">
<!—
...
(JavaScript 代码)
...
//-->
</script>
```

第二行和第四行的作用是，让不能解释<script>标记的浏览器忽略 JavaScript 代码，一般可以省略。第四行前边的双反斜杠“//”是 JavaScript 里的注释标号。

下列代码可以说明在 HTML 文档是如何插入 JavaScript 脚本的，结果如图 2-16 所示：

```
<body>
<script type="text/javascript">
document.write("Hello World!")
</script>
</body>
```

图 2-16 JavaScript 脚本运行结果

2. 调用方法

把 JavaScript 代码写到单独文件当中，该文件以“.js”作扩展名，在 HTML 文档中用格式“<script src="javascript.js"></script>”调用 JavaScript 代码文件。

在本书中，只对 JavaScript 作最基本的介绍，其详细的语法介绍请参看其他教材。

2.5 Web 服务器与 HTML 文档发布

Web 的开发是基于客户端/服务器体系的，目前客户端通常是指浏览器，而服务器就是 Web 服务器。Web 服务器通常是指安装了服务器软件的计算机，它使用 HTTP 或 FTP 之类的互联网协议来响应 TCP/IP 网络上的 Web 客户请求。

Web 上大多数交互过程是这样的：用户通过浏览器向 Web 服务器发出请求，Web 服务器根据客户端请求内容作出响应，并将存储在服务器上的某个页面发送给客户端，Web 浏览器对收到的页面进行解释并将页面显示给用户。

2.5.1 Web 服务器简介

Web 服务器也称为 WWW(World Wide Web)服务器，主要功能是提供网上信息浏览服务。用户在通过 Web 浏览器访问信息资源的过程中，无需再关心技术性细节，而且界面非常友好，因而 Web 在互联网上一推出就受到热捧，得到了爆炸性发展。

WWW 采用的是客户/服务器结构，其作用是整理和储存各种 WWW 资源，并响应客户端软件的请求，把客户所需的资源传送到 Windows，Unix 或 Linux 等平台上。

使用最多的 Web Server 服务器软件有两个：IIS 和 Apache。

通俗地讲，Web 服务器提供页面给浏览器浏览，然而应用程序服务器提供的是客户端应用程序可以调用的方法。确切地讲，Web 服务器专门处理 HTTP 请求，但是应用程序服务器是通过很多协议来为应用程序提供业务逻辑。

Web 服务器可以解析 HTTP 协议。当 Web 服务器接收到 HTTP 请求时，会返回一个 HTTP 响应，例如返回一个 HTML 页面。为了处理请求，Web 服务器可以响应一个静态页面或图片进行页面重定向，或者把动态响应的产生委托给其他程序，例如 CGI 脚本、JSP 脚本、servlets、ASP 脚本或者其他服务器端技术。无论脚本的目的如何，这些服务器端程序通常产生 HTML 响应来让浏览器可以浏览。

Web 服务器的委托(delegation)模型非常简单。当请求被送到 Web 服务器时，它只单纯地把请求传递给能处理请求的程序即服务器端脚本。Web 服务器仅仅提供一个可以执行服务器端程序和返回(程序所产生的)响应的环境，而不会超出职能范围。服务器端程序通常具有事务处理、数据库连接和通信(messaging)等功能。

虽然 Web 服务器不支持事务处理或数据库连接池，但它可以配置各种策略来实现容错性和可扩展性，例如负载平衡、缓冲。集群特征经常被误认为仅仅是应用程序服务器专有的特征。

在 Unix 和 Linux 平台下使用最广泛的免费 HTTP 服务器是 Apache 服务器，而 Windows 平台使用 IIS 的 Web 服务器。在选择使用 Web 服务器时应考虑的因素有：性能、安全性、日志和统计、虚拟主机、代理服务器、缓冲服务和集成应用程序等。

下面介绍几种常用的 Web 服务器：

Microsoft 的 Web 服务器产品为 Internet Information Server (IIS)，IIS 是允许在内联网（Intranet）或互联网上发布信息的 Web 服务器。IIS 是目前最流行的 Web 服务器产品之一，很多著名的网站都是建立在 IIS 的平台上。IIS 提供了一个图形界面的管理工具，称为互联网服务管理器，可用于监视配置和控制互联网服务。IIS 是一种 Web 服务组件，其中包括 Web 服务器、FTP 服务器、NNTP 服务器和 SMTP 服务器，分别用于网页浏览、文件传输、新闻服务和邮件发送等方面，它使得在网络(包括互联网和局域网)上发布信息很容易。它提供 ISAPI(Intranet Server API)作为扩展 Web 服务器功能的编程接口，同时还提供一个互联网数据库连接器，可以实现对数据库的查询和更新。

Apache 是最流行的 Web 服务器，市场占有率达 60%左右。其成功之处在于它的源代码开放、有一支开放的开发队伍、支持跨平台的应用，可以运行在 Unix，Windows，Linux 等系统平台上，可移植性好。

Tomcat 是代码开源、运行 Servlet 和 JSP Web 应用软件的、基于 Java 的 Web 应用软件容器。Tomcat 服务器是根据 Servlet 和 JSP 规范进行执行的，它遵循 Apache-Jakarta 规范，比绝大多数商业应用软件服务器好，是 Java Servlet 和 Java Server Pages 技术的标准实现。

2.5.2 静态网站的发布

在网站设计中，纯粹使用 HTML 语言编写的网页通常被称为“静态网页”。早期的网站一般都由静态网页制作，其网址形式通常为：www.example.com/eg/eg.htm，以.htm，.html，.shtml，.xml 等为后缀。在 HTML 格式的网页上，也可以出现各种动态的效果，如.GIF 格式的动画、Flash、滚动字母等，这些“动态效果”只是视觉上的。

每个静态网页都有一个固定的 URL，且网页 URL 以.htm，.html，.shtml 等常见形式为后缀，不能含有“?”。静态网页内容一旦发布到网站服务器上，无论是否有用户访问，其内容都保存在网站服务器上。也就是说，静态网页是实实在在保存在服务器上的文件，每个网页都是一个独立的文件。

对于静态网页来说，只需要将其上传至 Web 服务器，其解释执行是由用户浏览器负责。当用户需要进行浏览时，在浏览器的地址栏中输入要访问的网页地址并确认，浏览器将申请发送到 Web 服务器，Web 服务器接收申请并根据.htm 或.html 的扩展名进行识别，读取正确的 HTML 文件，将其送回用户浏览器，用户浏览器解释执行并显示结果。

网站中页面文件的组织形式视具体情形而定。若文件少，可直接放在一个目录（文件夹）中；若文件多可分别放在不同目录中。而最重要的是要做好页面文件之间的超链接。远程站点通常是运行 Web 服务器的远程计算机保存本地文件副本的位置。用户在浏览器中查看页面时，就是在访问 Web 服务器上运行的远程站点。

发布 Web 站点应该具备以下几个条件：首先，编辑网站，可以使用 Dreamweaver 等工具；其次，在 Internet 中网页存放空间（远程服务器）或本地安装 Web 服务器；最后，发布网页。

利用软件发布 Web 网页的步骤如下：

第一步：设置远程文件夹。在远程服务器中建立一个与本地存放 Web 页的文件夹名称相同的文件夹。名称需相同是因为远程站点通常完全就是本地站点的副本。也就是说，发布到远程文件夹的文件和子文件夹是本地创建的文件和子文件夹的副本。

第二步：建立与远程服务器的连接。连接远程服务器的最常见方法是“FTP”和“SFTP”。在与远程服务器连接时，需先从服务器提供商处获取服务器地址和确认连接方式，再利用网页发布软件设置服务器地址，建立连接。

第三步：上传本地文件。在设置了本地文件夹和远程文件夹之后，可以将文件从本地文件夹上传到 Web 服务器。要使 Web 网页可以被公众访问，必须将它们上传到 Web 服务器，即使 Web 服务器运行在本地计算机上也必须进行上传。

习题

1. 名词解释：HTML 语言、标签、脚本。
2. 请简述网页的基本结构是由哪几部分组成的？
3. 用记事本编写名为 Test23.htm 的页面，并在网页中以 2 号字、居中方式显示红色文字“HTML 练习”，页面标题设置为“Test23”。
4. 用 HTML 语言编写一个包含有宽度为 500 像素的 5 行 4 列表格的页面，要求表格框线为 0，单元格间距为 1，表格背景色为蓝色，表行奇数行为红色，偶数行为白色。
5. 用 HTML 语言编写一个如图 2-17 所示的表单。

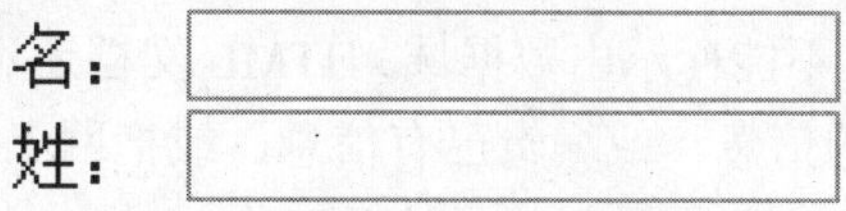

名：[　　　　　　]
姓：[　　　　　　]

图 2-17　练习表单

6. 下载并安装 IIS 或 Apache Web 服务器，并验证习题 1～5。

参考文献

[1] 潘晓南.动态网页设计基础.北京：中国铁道出版社,2005.

[2] Andrew S.Tanenbaum.熊桂喜等译.计算机网络（第 3 版）.北京：清华大学出版社,2002.

[3] 邵丽萍，等.网站编程技术实用教程（第 2 版）.北京：清华大学出版社,2009.

第3章 可扩展标记语言基础

本章首先介绍 XML 的产生、特性以及语法，然后重点介绍 XML 中文档格式的两种定义方式，即 DTD 和 XML Schema，最后介绍 XML 的显示、编辑和解析技术。通过本章的学习，可以使读者对 XML 基础有大致了解。

3.1 XML 概述

可扩展标记语言（Extensible Markup Language，XML）自从 1998 年 2 月被引入软件业以来，给整个行业带来了一场风暴。业界首次拥有了一种通用且适应性强的用结构化表示文档和数据的格式。

本节首先介绍 HTML 的缺陷，因此产生了 XML，再介绍 XML 的特性和语法结构。

3.1.1 HTML 的缺陷

HTM 的优点是语法简洁，有结构化、实现独立和具有可描述性等特点。但是由于它过于简洁，因而存在着一系列缺陷。

HTML 文档把数据和显示格式一起存放。HTML 文档因缺乏严格语法作为约束条件，其正确性很难确认，即语法检查困难。GTML 文档不能实现自动的数据交换，并且它的标签只用来控制文档的显示，不能标示出数据域。HTML 文档还不易重复使用已有信息，如果要重新在网上发布同样的信息，或编辑已有信息，或把网上数据存入数据库，往往需要手工进行处理，如有改动，还需重新执行这些工作。

HTML 对超文本链接支持不足，属于单点链接。由于网站的设计者通常不能及时改变网页 URL 以适应链接变化，往往导致无效链接。HTML 缺乏空间立体描述，处理图像、图形、音频、视频等多媒体的能力较弱。此外还缺乏对复杂结构的支持。比如 HTML 不能支持分层嵌套信息结构，HTML 文档间的联系是二维的，这限制了全文检索技术的应用。不仅如此，HTML 文档的搜索引擎机械地逐一检索每个页面中所有可以匹配的内容，会产生太多的、难以判断的数据信息。此处，HTML 的标记有限，可扩展性差，用户不能定义或扩展标记。

由于上述不可忽略的缺陷，W3C 提出了一种新标记语言，即 XML。

3.1.2 XML 的产生

近年来，随着 Web 应用的不断深入，HTML 在应用中已捉襟见肘。SGML 不能作为 Web 语言，因为太庞杂，学用两难，全面实现 SGML 的浏览器非常困难。于是 Web 标准化组织 W3C 建议使用一种精简的 SGML 版本，即 XML。与 SGML 相似，XML 是一种元语言，但其规范不到 SGML 规范的 1/10，简单易懂。

XML 是为实现文本交换所设计的，以一种开放的、自我描述方式定义的数据结构。在 XML 描述数据内容的同时能突出结构描述，从而体现出数据之间的关系，这种数据组织对应用程序和用户都是友好的，具有可操作性。XML 作为 Web 上表示和交换结构化信息的标准文本格式，它没有复杂的语法和包罗万象的数据定义。XML 同 HTML 一样，都来自 SGML。从 1998 年开始，XML 被引入许多网络协议，以便为两个软件提供通信的标准方法。简单对象访问协议(SOAP)和 XML- RPC 规范为软件交互提供了独立于平台的方式，从而为分布式计算环境打开了大门。

但是，XML 并不是 HTML 的替代，XML 和 HTML 为不同的目的而设计。XML 被设计为传输和存储数据，其焦点是数据的内容；HTML 被设计用来显示数据，其焦点是数据的外观。HTML 旨在显示信息，而 XML 旨在传输信息。如表 3-1 所示，二者具有不同特点。

表 3-1 HTML 与 XML 的比较

项目	HTML	XML
可扩展性	不具有扩展性	是元标记语言，有扩展性
描述内容	侧重于显示信息	侧重结构化的描述信息，传输信息
格式	标记的嵌套、配对、顺序等无严格要求	严格要求嵌套、配对，并遵循树状结构
数据与显示	内容描述与显示方式为一体	内容描述与显示方式分离
可读性与可维护性	难于阅读和维护	结构清晰，便于阅读和维护
超文本链接	单点链接	多目标链接
语法的严谨性	不严谨	严谨

3.1.3 XML 的特性

XML 有许多特性，可应用于 Web 的许多层面以简化数据的存储和共享，具有广阔的前景。其基本特征是：①具有可扩展性。XML 允许使用者创建和使用自己的标记。企业可以用 XML 为定义自己的标记语言以描述业务数据；甚至特定行业可定义该领域的特殊标记语言，作为该领域信息共享与数据交换的基础。②具有灵活性。与 HTML 不同，XML 提供了一种结构化数据表示方式，使得用户界面分离于结构化数据。所以，Web 用户所追求的许多先进功能在 XML 环境下更容易实现。③具有自描述性。XML 文档通常包含一个文档类型声明，因而 XML 文档是自描述的。不仅人能读懂 XML 文档，计算机也能处理。XML 表示数据的方式真正做到了独立于应用系统，并且数据能够重用。XML 文档被看作是文档的数据库化和数据的文档化。④具有简明性。XML 比 SGML 简单得多，易学、易用并且易实现。另外，XML 也吸收了人们多年来使用 HTML 的经验。XML 支持世界上几乎所有的主要语言，并且不同语言的文本可以在同一文档中混合使用。所有这一切将使 XML 成为数据表示的开放标准，这种数据表示独立于机器平台、供应商以及编程语言，将为网络计算注入新的活力，并为信息技术带来新的机遇。

与 HTML 相比，XML 的应用特性如下：①把数据与显示分离。通过 XML，数据能够存储在独立 XML 文件中，这是用 HTML 难以做到的。②简化了数据共享机制。XML 数据以纯文本格式进行存储，因此提供了一种独立于软件和硬件的数据存储方法。这让创建不同应用程序可以共享的数据变得更加容易。③简化了数据传输。通过 XML 可以在不兼容的系统之间轻松地交换数据。对开发人员来说，一项最费时的挑战是在因特网上的不兼容系统之间交换数据。由于可以通过各种不兼容的应用程序来读取数据，以

XML 交换数据降低了这种复杂性。④简化了平台变更。升级到新系统（硬件或软件平台）总是非常费时的，必须转换大量的数据，经常会因此丢失不兼容的数据。XML 数据以文本格式存储。这使得 XML 在不损失数据的情况下，更容易扩展或升级到新平台。⑤使数据可重用。XML 独立于硬件、软件以及应用程序，使得数据可重用，也更有用。不同的应用程序都能够访问用户的数据。

3.1.4 XML 的结构

下述代码段描述了一个 XML 文件示例，描述一张便签内容，由 John 向 George 提示不要忘记开会。

```
<?xml version="1.0" encoding="ISO-8859-1"?>
<note>
<to>George</to>
<from>John</from>
<heading>Reminder</heading>
<Body>Don't forget the meeting!</Body>
</note>
```

第 1 行是 XML 声明，定义了 XML 的版本和编码方式。第 2 行描述文档的根元素<note>。接下来 4 行语句描述 note 的 4 个子元素：to，from，heading 和 Body。最后定义根元素的结尾标记</note>。

XML 具有出色的自我描述性。XML 文档有且仅有一个根元素，该元素是所有其他元素的父元素。XML 文档中的元素形成了一棵文档树，这棵树从根部开始，并扩展到树的最末端。所有元素均可拥有子元素，如下面程序段中，child 作为 root 的子元素，其本身也含有子元素 subchild。

```
<root>
  <child>
    <subchild>…</subchild>
  </child>
</root>
```

在 XML 文档的树形结构中，存在着父、子以及同胞等术语，用于描述元素之间的关系。其中父元素拥有子元素，相同层级上的子元素成为同胞。所有元素均可拥有文本内容和属性。如下所示：

```
<bookstore>
<book category="COOKING">
  <title lang="en">Everyday Italian</title>
  <author>Giada De Laurentiis</author>
  <year>2005</year>
  <price>30.00</price>
</book>
<book category="CHILDREN">
```

```
    <title lang="en">Harry Potter</title>
    <author>J K. Rowling</author>
    <year>2005</year>
    <price>29.99</price>
  </book>
  <book category="WEB">
    <title lang="en">Learning XML</title>
    <author>Erik T. Ray</author>
    <year>2003</year>
    <price>39.95</price>
  </book>
  </bookstore>
```

显示书的信息，包括类别 category，书名 title，作者 author，出版时间 year 和价格 price 等元素。例子中的根元素是 bookstore，文档中的所有 book 元素都被包含在 bookstore 中，book 元素有 4 个子元素：title，author，year，price。

3.1.5　XML 文档编辑器和浏览器

用户可以使用文本编辑器来创建 XML 文档，这些文本编辑器有的简单，仅提供语法着色；有的复杂，可以支持和 XML 相关的各种属性。用户可以按照自己的需要来选择编辑器，常用的编辑器包括以下几种。

XML Spy：支持 XML，DTD，Schema 等多种文件格式的编辑器。它可以将 XML 展示为树型结构，可以方便地使用各种 HTML/XML/XSLT 标记，节约开发时间。

XML Notepad：是微软发布的一款简单实用的 XML 阅读和编辑工具，支持多种语法显示和树型结构排列，并提供了大量编写 XML 所需的工具。

XML Writer：比较简单易学的 XML 编辑工具，支持 XML，XSL，DTD，CSS，HTML 及文本格式的文件。其用户界面直观，具有书签、自动查找并替代、在线帮助、插件管理、即时色彩编码转换、树型结构查看、批量及命令行处理等功能。

XML 浏览器不仅要支持 XML，还要支持层叠样式表 CSS 或者可扩展样式表语言 XSL，支持 JavaScript 脚本语言。现在常用的浏览器包括以下几种。

IE 浏览器：应用最广泛的浏览器，从 6.0 版本开始，支持 XML，Namespaces，CSS，XSLT 以及 XPath。支持利用缺省的 XSL 样式表显示 XML，还支持模式和扩展数据类型以及基于 XML 的客户端数据连接。

Mozilla Firefox：从 1.0.2 版本开始，已支持 XML，XSLT 和 CSS。

Opera：从 9.0 版本开始就可支持 XML / XSLT 和 CSS。

3.2　XML 语法

XML 是与平台无关的表示数据的方法，使用 XML 创建的数据可以被任何应用程序在任何平台上读取，原因在于 XML 基于标记技术。下面例子使用 XML 文档存储某个用户的信息，包括姓名、地址和邮编等。

```
<?xml version ="1.0" encoding ="GB2312" standalone="yes" ?>
<?XML-stylesheet type="text/xsl" href="yxfqust.xsl" ?>
<!--用户信息-->
<information>
<sex>female</sex>
<first-name> Mary </first-name>
<last-name> McGoon</last-name>
<street> 100 Wenchang Street </street>
<postal-code> 750021 </postal-code>
</information>
```

以此为例，简要说明 XML 的语法。

3.2.1 声明

XML 文档以 XML 声明作为开始，向解析器提供了关于文档的基本信息。XML 文件以 XML 声明作为文件第一行，在其前面不能有空白、其他的处理指令或注释。如上面例子中的声明：

```
<?xml version="1.0" encoding="GB2312" standalone="yes"?>
```

简单的 XML 声明中只包含属性 version，指出该 XML 文件使用的 XML 版本。属性 encoding 表明了编码标准，如果没有指定 encoding 值，系统默认 UTF-8 编码。GB2312 表明此 XML 文件使用 ASCII 字符和汉字。独立属性 standalone 取值 yes 或 no，取 yes 表明该文件未引用其他外部 XML 文件。

3.2.2 注释

注释是编程者对文件的解释，是不可执行的语句，XML 解释器将忽略注释的内容。XML 文件的注释格式和 HTML 相同，具体格式如下：<!-- 注释内容-->

<!--用户信息-->表明这个 XML 文档用于记录用户的信息。注释应注意以下几点：注释不能出现在 XML 声明之前；注释不能出现在标记中；注释中不能出现连续两个连字符“--”。

3.2.3 元素与标记

XML 元素是 XML 文档的灵魂，它构成了文档的主要内容。XML 元素由标记定义，其标记的格式是：

<标记 属性名 1＝"值 1",属性名 2＝"值 2",…>数据内容</标记>，或者

<标记 属性名 1＝"值 1",属性名 2＝"值 2",…/>

其中，属性指标记的属性，可以为标记添加附加信息。XML 元素的属性由名字和值组成，XML 语法规范要求 XML 元素属性值包含在引号中。如：

```
<?XML version="1.0"?>
<note date="12/11/2008">
```

```
<to>张灵</to>
<from>李莉</from>
</note>
```

XML 属性名字的命名规则和标记的命名规则相同，由字母、数字、下划线（_）、点（.）和连字符（-）组成，必须以字母或下划线开头。名字不能以 XML，xml，Xml，xMl 等开头，并且中间不能包含空格。属性的名字区分大小写。

需要注意，XML 文档中结束标记是必需的，不能省去任何结束标记。如果一个元素根本不包含标记，则称为空元素。HTML 中换行（
）和图像（<img>）元素就是两个例子。

3.2.4　命名空间

不同 XML 文件或者同一 XML 文件中可能出现名字相同的标记，这就引起了命名冲突。为了解决命名冲突问题，需要使用命名空间。当两个标记的名字相同时，可以通过隶属于不同命名空间来区分。命名空间通过使用声明命名空间来建立，分为有前缀命名空间和无前缀命名空间。声明有前缀和无前缀命名空间的语法是：

xmlns：前缀="namespace"，或 xmlns="namespace"

对于有前缀的命名空间来说，如果两个命名空间的名字不相同，即使它们的前缀相同，也是不同的命名空间；如果两个命名空间的名字相同，即使它们的前缀不相同，也是相同的命名空间。命名空间的前缀仅仅是为了方便引用命名空间而已。

下面两个程序段中，第一个 XML 文档在 table 元素中携带了水果的信息，第二个 XML 文档在 table 元素中携带了桌子的信息。

```
<table>
<tr>
<td>bananas</td>
</tr>
</table>
<table>
<name>african coffee table</name>
<length>120</length>
</table>
```

如果这两个 XML 文档在一起使用，就会出现命名冲突情况。因为这两个片断都包含了<table>元素，而这两个 table 元素的定义与其所包含的内容又各不相同。可以使用命名空间解决命名冲突问题：在第 1 个程序段中设置 table 属于命名空间“http://www.mywork.com/fruit”，用“h”标记，在第 2 个程序段中设置 table 属于命名空间“http:// www.mywork.com/furniture”，用“f”标记。这样，上面的程序可以修改成下面的形式：

```
<h:table xmlns:h="http://www.mywork.com/fruit">
<h:tr>
<h:td>bananas</h:td>
```

```
</h:tr>
</h:table>
<f:table xmlns:f="http:// www.mywork.com/furniture">
<f:name>african coffee table</f:name>
<f:length>120</f:length>
</f:table>
```

除了上面方法之外，还可以定义默认的 XML 命名空间，使得在子元素的开始标记中不需要使用前缀。它的语法如下所示：

```
<element xmlns="namespace">
```

因此，上面的例子还可以改成下面的形式：

```
<table xmlns=" http://www.mywork.com/fruit ">
<tr>
<td>bananas</td>
</tr>
</table>
<table xmlns:f="http:// www.mywork.com/furniture">
<name>african coffee table</name>
<length>120</length>
</table>
```

3.3 文档类型定义

XML 文档是结构化的标记文档。在创建 XML 文档之前，要先确定标记和结构，然后根据结构定义，补充它的实际文本内容，最后形成 XML 文档。

XML 的结构文档的定义方式有两种，即文档定义形式和模式定义形式。

文档类型定义（Document Type Definition，DTD）。DTD 属于 XML 规范。DTD 可以定义在 XML 文档中出现的元素及其出现的次序，如何相互嵌套，以及 XML 文档结构的其他详细信息。

模式定义（XML Schema）可以定义在 DTD 中使用的所有文档结构，还可以定义数据类型，但比 DTD 复杂。W3C 在提出 XML 规范之后，又开发了 XML Schema 规范。业界一般用 DTD，因此本章只介绍 DTD。

3.3.1 DTD 概述

DTD 用于定义 XML 文档构建模块。它使用一系列元素来定义文档结构。包括文档中的元素、属性和实体以及这些内容之间的相互关系。

3.3.2 XML 文档的构建模块

XML 文档均由简单的构建模块构成：元素、属性、实体、PCDATA 和 CDATA。

元素是 XML 以及 HTML 文档的主要构建模块。元素可包含文本、其他元素或者为空。如：<message>some message in between</message>

属性可提供元素的额外信息。属性总是被置于某元素的开始标签中。属性总以名称/值形式成对出现。如<img src="computer.gif" />，元素的名称是 img；属性名称是 src；属性值是 computer.gif；由于元素本身为空，它被一个“ /”关闭。

实体用来定义普通文本的变量。实体引用是对实体的引用。当文档被 XML 解析器解析时，实体就会被展开。在 XML 中预定义的实体有：<（<），>（>），&（&），"（"），&apos（'）。

PCDATA 是被解析的字符数据（Parsed Character Data），字符数据是 XML 元素的开始标签与结束标签之间的文本。解析器将检查该文本中的实体和标记。文本中的标签会被当作标记来处理，而实体会被展开。被解析的字符数据不应当包含任何&、<或者>等实体字符，需要用&，&l 以及> 实体等替换。

CDATA 是字符数据（Character Data），是不会被解析器解析的文本。文本中的标签不会被当作标记来对待，其中的实体也不会被展开。

必须为 XML 文档指明其使用的 DTD，声明 DTD 的方法有两种，可被成行地声明于 XML 文档中，也可通过一个外部 URL 链接一个外部 DTD（外部引用），即内部声明和外部声明。

内部声明。若 DTD 被包含在 XML 文件中，其 DOCTYPE 声明格式为：

<!DOCTYPE 根元素 [元素声明]>

DTD 指定 XML 文档的基本结构，下述例子 sddress.dtd 是包含 DTD 的 XML 文档：

```
<!--address.dtd-->
<!ELEMENT address (name, street, city, state, postal-code)>
<!ELEMENT name (title?,first-name, last-name)>
<!ELEMENT title (#PCDATA)>
<!ELEMENT first-name (#PCDATA)>
<!ELEMENT last-name (#PCDATA)>
<!ELEMENT street (#PCDATA)>
<!ELEMENT city (#PCDATA)>
<!ELEMENT state (#PCDATA)>
<!ELEMENT postal-code (#PCDATA)>
```

其中，address 元素包含 name，street，city，state 和 postal-code。所有这些元素必须出现，而且必须以这个顺序出现。name 元素包含一个可选的 title 元素（问号表示 title 这个元素是可选的）、first-name 和 last-name 元素。所有其他包含文本的元素中，#PCDATA 代表已解析字符数据，不能在这些元素中包含另一个元素。尽管 DTD 相当简单，但它清楚地说明了什么样的元素组合是合乎规则的。

DTD 语法不同于普通的 XML 语法，它本身拥有多个特定含义的符号，如<!ELEMENT name (title?, first-name, (middle-initial | middle-name)?, last-name)>包含了多种符号，它们的具体含义如表 3-2 所示。

表 3-2 DTD 中符号

符号名称	含义
逗号	项的列表
问号	此项是可选的，它可以出现一次或根本不出现
加号	这一项必须至少出现一次，但可出现任意次
星号	这一项可以出现任意次，包括零次
竖线	表示选择列表，只能从列表选择一项

外部文档声明。若 DTD 位于 XML 文件外部，那么它应通过下面的语法被封装在一个 DOCTYPE 定义中：<!DOCTYPE 根元素 SYSTEM "文件名">

这个 XML 文档和上面的 XML 文档相同，但是拥有一个外部的 DTD。下面的例子中使用了“note.dtd”这个外部 DTD 文件来定义文档中使用的元素内容。

```
<?xml version="1.0"?>
<!DOCTYPE note SYSTEM "note.dtd">
<note>
<to>George</to>
<from>John</from>
<heading>Reminder</heading>
<Body>Don't forget the meeting!</Body>
</note>
```

这是包含 DTD 的“note.dtd”文件：

```
<!ELEMENT note (to,from,heading,body)>
<!ELEMENT to (#PCDATA)>
<!ELEMENT from (#PCDATA)>
<!ELEMENT heading (#PCDATA)>
<!ELEMENT Body (#PCDATA)>
```

使用 DTD 有多个优点：使每一个 XML 文件均可携带一个有关其自身格式的描述；独立的团体可一致地使用某个标准的 DTD 来交换数据，而应用程序也可使用某个标准的 DTD 来验证从外部接收到的数据；还可以使用 DTD 来验证自身的数据等。为了提高灵活性，定义一个 XML 文档的结构时，应该和在应用程序中设计数据库模式或数据结构那样事先考虑 DTD 或模式。事先考虑的未来需求越多，以后实现它们就越容易而且成本越低。

3.3.3 元素声明

元素是构成 XML 文档的基本构件，它包含了实际的文档信息，并指出了其逻辑结构。元素以树型分层结构排列，可以嵌套在其他元素中。文档有且仅有一个根元素，所有其他的元素嵌套在其中。有效的 XML 文档中的元素必须符合 DTD 中声明的相应元素的内容以及其类型规定。在 DTD 中，XML 元素通过元素声明来进行声明。元素声明使用下面的语法：

```
<!ELEMENT 元素名称 类别>
<!ELEMENT 元素名称 (元素内容)>
```

例子：XML 文档 note.xml。

```
<?xml version="1.0"?>
<!DOCTYPE note SYSTEM "note.dtd">
<note>
<to>George</to>
<from>John</from>
<heading>Reminder</heading>
<body>Don't forget the meeting!</body>
</note>
```

其定义 DTD 文件为 note.dtd，定义一个记事信息。

```
<!--note.dtd-->
<!ELEMENT note (to, from, heading, body)>
<!ELEMENT to (#PCDATA)>
<!ELEMENT from (#PCDATA)>
<!ELEMENT heading (#PCDATA)>
<!ELEMENT body (#PCDATA)>
<!--note.xml-->
```

XML 文档的每个元素在 DTD 中都有相应声明，只有在其 DTD 中定义的元素才能出现在 XML 文档中，但元素的顺序可以是任意的。

元素的类别有空类型、# PCDATA 类型、ANY 类型、子元素类型和混合类型等。

1. 空类型

空类型的元素不包含任何内容，其声明语法是：<!ELEMENT 元素名称 EMPTY>。

空类型可以包含有内容的属性或者在文件中提供特定功能。下面语句包含一个特定功能“br”，用于换行：<!ELEMENT br EMPTY>，对应 XML 语句为：
。

2. #PCDATA 类型

“#PCDATA”表明只包含字符数据元素而不包含其他子元素，表示被解析的字符数据（parsed character data）。其语法如下：<!ELEMENT 元素名称（#PCDATA）>。

下面语句定义了元素 from，它是 PCDATA 元素：<!ELEMENT from（#PCDATA）>

3. ANY 类型

通过“ANY”声明的元素可包含 DTD 中定义的其他元素或编辑的字符数据。其语法如下：<!ELEMENT 元素名称 ANY>。

例如定义一个元素 note，它可以包含 DTD 中的任何元素：<!ELEMENT note ANY>

ANY 的使用需要进行限制，DTD 旨在设置规则来清楚地定义各种元素，过多使用 ANY 就意味着元素可以包含 DTD 中定义的任意元素，等于没有进行规则限制，这样与使用 DTD 的目的背道而驰。

4. 子元素类型

带有子元素的元素通过圆括号中的子元素名进行声明，子元素按照由逗号分隔开的序列进行声明，这些子元素必须按照相同的顺序出现在文档中。元素也可拥有子元素。其语法规则如下所示：<!ELEMENT 元素名称 (子元素名称 1)>

或：<!ELEMENT 元素名称 (子元素名称 1,子元素名称 2,...)>

例如：<!ELEMENT note (to,from,heading,body)>

除此外，可以利用符号如“+”、“*”、“？”和“|”来限制子元素的次数：

用“+”声明最少出现一次的元素：<!ELEMENT 元素名称 (子元素名称+)>

用“*”声明出现零次或多次的元素：<!ELEMENT 元素名称 (子元素名称*)>

用“?”声明出现零次或一次的元素：<!ELEMENT 元素名称 (子元素名称?)>

用“|”声明选择类型的元素，只能选择多个元素中的一个元素：

<!ELEMENT 元素名称 (子元素名称 1|子元素名称 2)>

下述例子都是合法的：

<!ELEMENT note (message+)>

<!ELEMENT note (message*)>

<!ELEMENT note (message?)>

<!ELEMENT note (to,from,header,(message|body))>

<!ELEMENT note((to|from),(message|header|body))>

需要注意的是，序列中不能出现#PCDATA，例如下面的元素声明是错误的：

<! ELEMENT note(#PCDATA,to,from)>

5. 混合类型

上述元素声明形式可以混合使用，使某元素既包含子元素又包含已编译的字符数据。如下面的语句中声明了 note 元素包含了出现零次或多次的 PCDATA，to，from，header 或者 message 元素，如：<!ELEMENT note（#PCDATA|to|from|header|message*）>。

3.3.4 属性声明

指标的属性旨在为标记添加附加信息，包括名字和值。在 DTD 中有时需要对元素添加一些与其内容有关的补充信息，可声明该元素的属性。通过 DTD 的属性声明“ATTLIST”来约束标记中的属性，其语法规则如下：

<!ATTLIST 元素名称 属性名称 属性类型 默认值>

声明属性时应注意：属性名称定义的规则与元素名称的定义规则相同；在给定的元素中不能有同名的属性；如果属性值中含有双引号，则此属性值必须用单引号括起来。

下面详细介绍属性类型及其默认值。

1. 属性类型

属性类型如表 3-3 所示。

表 3-3　DTD 属性类型列表

类型	描述
CDATA	值为字符数据（Character Data），不含标记符
(en1|en2|..)	此值是枚举列表中的一个值
ID	值为唯一的 ID
IDREF	值为另外一个元素的 ID
IDREFS	值为其他 ID 的列表
NMTOKEN	值为合法的 XML 名称
NMTOKENS	值为合法的 XML 名称的列表
ENTITY	值是一个实体
ENTITIES	值是一个实体列表
NOTATION	此值是符号的名称
XML	值是一个预定义的 XML 值

CDATA 类型：定义属性值是文本串的元素，它的声明格式与#PCDATA 声明类似。

枚举类型：枚举属性的值为指定文本串列表中的某一个值，它的声明规则如下：

<!ATTLIST 元素名称 属性名称 (en1|en2|..) 默认值>

例如，用 payment 元素的 type 属性时，它的值只能是 check 或者是 cash，并且默认值是 cash，后面两行命令是其对应的正确的 XML 语句。

<!ATTLIST payment type (check|cash) "cash">

<payment type="check" />

<payment type="cash" />

ID 类型：用于标识文档中的元素，它的值必须是合法的 XML 名称，并且此值必须是唯一的。注意，每个元素最多只能具有一个 ID 类型的属性。例如下面语句，payment 元素的 paymentID 属性值可以唯一地标识每个 payment 元素。

<!ATTLIST payment paymentID ID # REQUIRED>

IDREF/ IDREFS 类型：IDREF 类型的属性用来引用同一文档中的另一元素的 ID 属性，通过 IDREF 可以使一个元素与另一个元素发生联系。IDREFS 类型的属性值是若干个 ID 属性的值，之间用空格分开。

2. 属性的默认值

属性的默认值可以给定某一个具体的值，如上面例子中的值“0”，也可以是其他的值。属性的默认值如表 3-4 所示。

表 3-4 默认值列表

值	解释
具体的值	属性的默认值
#REQUIRED	属性值是必需的
#IMPLIED	属性不是必需的
#FIXED	属性值是固定的

下面详细介绍一下表 3-4 中默认值的含义。

（1）具体的值。如下面的语句段规定一个默认的属性值，square 元素定义为带有

CDATA 类型的 width 属性的空元素。如果宽度没有被设定，其默认值为 0，第 3 行是其对应的合法的 XML 语句。

```
<!ELEMENT square EMPTY>
<!ATTLIST square width CDATA "0">
<square width="100" />
```

（2）#IMPLIED。定义此属性无默认值或有默认值。假如不要求某个元素包含属性，并且没有默认值选项的话，可以使用关键词 #IMPLIED。它的使用规则如下：

```
<!ATTLIST 元素名称 属性名称 属性类型 #IMPLIED>
```

例如下面的语句段，第 1 行是 DTD 语句，它定义 contact 元素的可以包含 fax 属性，也可以没有。第 2 行和第 3 行是其对应的合法的 XML 语句。

```
<!ATTLIST contact fax CDATA #IMPLIED>
<contact fax="555"><contact />
<contact />
```

（3）#REQUIRED。当一个元素的属性被声明为#REQUIRED 后，那么这个元素使用时必须有这个属性，它的语法规则如下：

```
<!ATTLIST 元素名称 属性名称 属性类型 #REQUIRED>
```

例如下面的语句段，第 1 行是 DTD 语句，定义 person 元素必须有属性 number，第 2 行是其对应的合法的 XML 语句。

```
<!ATTLIST person number CDATA #REQUIRED>
<person number="5677" />
```

（4）#FIXED。如果需要某个属性拥有固定的值，并且不允许用户改变这个值时，可用#FIXED 关键词。它的使用规则如下：

```
<!ATTLIST 元素名称 属性名称 属性类型 #FIXED "value">
```

例如下面的语句段，第 1 行是 DTD 语句，定义 sender 的 company 属性的值为 value，第 2 行是其对应的合法的 XML 语句，其中 company 的值只能是 value。

```
<!ATTLIST sender company CDATA #FIXED "value">
<sender company=" value " />
```

3. 一个实际的 DTD 实例

下面的例子是电视节目表 DTD，由 David Moisan 编写，摘自地址 http://www.davidmoisan.org/，可以仔细分析一下它所包含的元素的类型。

```
<!DOCTYPE TVSCHEDULE [
<!ELEMENT TVSCHEDULE (CHANNEL+)>
<!ELEMENT CHANNEL (BANNER,DAY+)>
<!ELEMENT BANNER (#PCDATA)>
<!ELEMENT DAY (DATE,(HOLIDAY|PROGRAMSLOT+)+)>
<!ELEMENT HOLIDAY (#PCDATA)>
<!ELEMENT DATE (#PCDATA)>
<!ELEMENT PROGRAMSLOT (TIME,TITLE,DESCRIPTION?)>
```

```
<!ELEMENT TIME (#PCDATA)>
<!ELEMENT TITLE (#PCDATA)>
<!ELEMENT DESCRIPTION (#PCDATA)>
<!ATTLIST TVSCHEDULE NAME CDATA #REQUIRED>
<!ATTLIST CHANNEL CHAN CDATA #REQUIRED>
<!ATTLIST PROGRAMSLOT VTR CDATA #IMPLIED>
<!ATTLIST TITLE RATING CDATA #IMPLIED>
<!ATTLIST TITLE LANGUAGE CDATA #IMPLIED>
]>
```

其中，DTD 对应的结构可以用图 3-1 表示，图中 DTD 的结构用多叉树表示，最上层为树的根，根和树中的每一个结点对应 DTD 中的每一个元素。图中直线表示包含关系，上层父结点包含下层的子结点，对应于 DTD 中的元素包含的子元素。直线上的一侧表示父结点与子点的对应关系，如 1：n，表示 1 个父结点可以有 n 个子结点，线另一侧给出 n 的取值范围。(#PCDATA) 表示此属性的值为字符数据类型。图中的菱形表示选择关系，父结点可以包含菱形的任意一个点所连接的子结点，也就是 DTD 中的枚举类型。

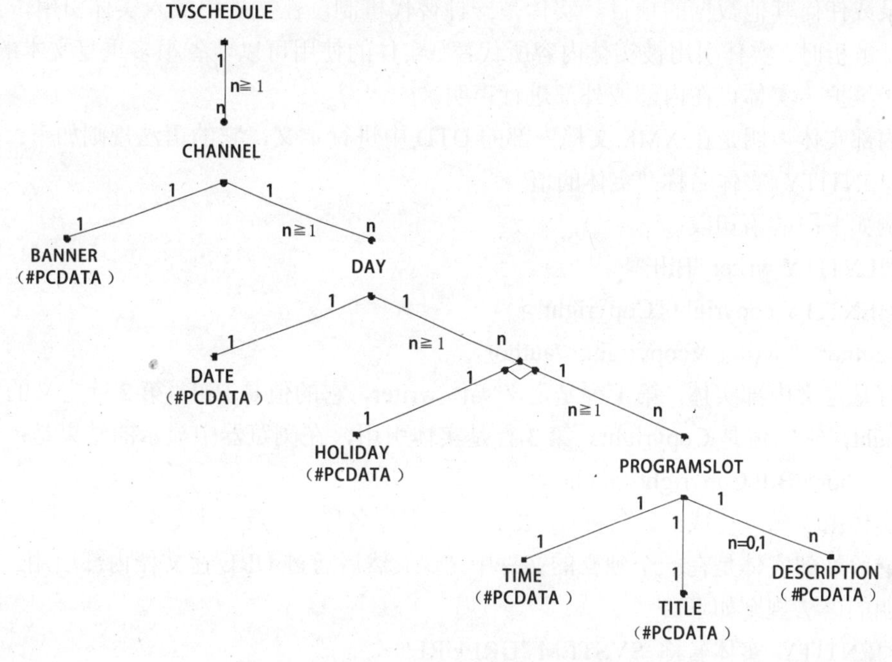

图 3-1　DTD 树型结构

从图 3-1 中可以看出，TVSCHEDULE 元素包括一个子元素 CHANNEL，且这个子元素 CHANNEL 的个数可以是 n，其中 n 的值大于等于 1。CHANNEL 本身又有自己的子元素 BANNER 和 DAY，其中 DAY 需要出现 n 次，n 的值大于等于 1。比较特殊的是元素 DAY，它包含的子元素包括一个 DATE，还包括 HOLIDAY 或者 PROGRAMSLOT 二者中的一个值，且这个值会出现 n 次，n 的值大于等于 1，同时，如果包含的子元素是 PROGRAMSLOT，那么这个子元素可以出现 n 次，n 的值大于等于 1。具体而言，DAY

的子元素就是序列（DATE,(HOLIDAY|PROGRAMSLOT+)+）。

可以看出，用文字对结构进行叙述比较繁琐，利用图的形式更加直观。不过属性的默认值不容易在图上表示出来，具体的默认值信息如表 3-5 所示。

表 3-5　默认值信息

元素	属性	默认值
TVSCHEDULE	NAME	必须包含此属性，属性的值为文本串
CHANNEL	CHAN	必须包含此属性，属性的值为文本串
PROGRAMSLOT	VTR	可以包含此属性也可以不包含，属性的值为文本串
TITLE	RATING	可以包含此属性也可以不包含，属性的值为文本串
	LANGUAGE	

3.3.5 实体声明

XML 文件标记的内容包括文本数据和子标记，但一些符号“<”，“>”，“&”，“'”和“"”是不能直接使用的，这可以使用实体引用来解决。

实体是用于定义引用普通文本或特殊字符的快捷方式的变量，它可以是文件、数据库记录或任何其他数据的项目。实体是一种替代机制，在文档中放入实体引用，当对文档进行解析时，实体引用被实体内容所代替。实体的使用可以节省很多重复文本的输入，并易于维护。实体可在内部或外部进行声明。

内部实体声明是在 XML 文档内部的 DTD 中进行定义，它的语法规则如下：

```
<!ENTITY 实体名称 "实体的值">
```

例如下面的语句段：

```
<!ENTITY writer "Bill ">
<!ENTITY copyright "Copyright">
<author>&writer;&copyright;</author>
```

前两行是定义内部实体，第 1 行是定义实体 writer，它的值是 Bill，第 2 行定义的实体是 copyright，它的值是 Copyright。第 3 行是实体引用，在浏览器中显示的结果是：

<author> Bill Copyright</author>

实体由 3 部分构成：一个和号 (&)，一个实体名称，以及一个分号 (;)。

一般外部实体是在一个独立的文件中定义，然后通过 URL 在文档内部引用。外部实体声明的语法规则如下。

```
<!ENTITY 实体名称 SYSTEM "URI/URL">
```

例如下面的程序段，实体 writer 和 copyright 是在一个独立的文件 entities.dtd 中定义的，在本文档中，通过前两行语句的外部实体声明，第 3 行语句可以对实体引用。

```
<!ENTITY writer SYSTEM "entities.dtd">
<!ENTITY copyright SYSTEM " entities.dtd">
<author>&writer;&copyright;</author>
```

3.4　XML 解析器

XML 可方便地用于描述和组织数据。如果需要从 XML 文档中提取部分数据，可使用 XML 解析器。XML 解析器包括两种：基于 DOM 的解析器和 SAX 解析器。

3.4.1　DOM 解析器

文档对象模型（Document Object Model，DOM）是由 W3C 提出的标准化编程接口。DOM 是一组对象的集合，借此来操纵 XML 数据，用于获取、更改、添加或删除 XML 元素。XML DOM 定义了所有 XML 元素的对象和属性，以及访问它们的标准方法和接口。

DOM 将 XML 文档作为树形结构，树叶被定义为结点，文档中的每个成分都是一个结点。每个 XML 标签是一个元素结点，包含在 XML 元素中的文本是文本结点，每个 XML 属性是一个属性结点，还规定了注释属于注释结点。利用 DOM 中的对象，可以遍历树以便了解原始文档包含的内容，可以删除树的部分节点，还可以重新排列树和添加新分支等。

使用 DOM 时，数据以类树结构被装入内存中。同一文档将被表示为结点，如图 3-2 所示。矩形框表示元素结点，椭圆形表示文本结点。DOM 使用根结点和父子关系。例如，在本例中，samples 将是带有 3 个子结点的根结点：1 个文本结点 bg，2 个元素结点 server 和 monitor，它们有子文本结点 unix 和 color。

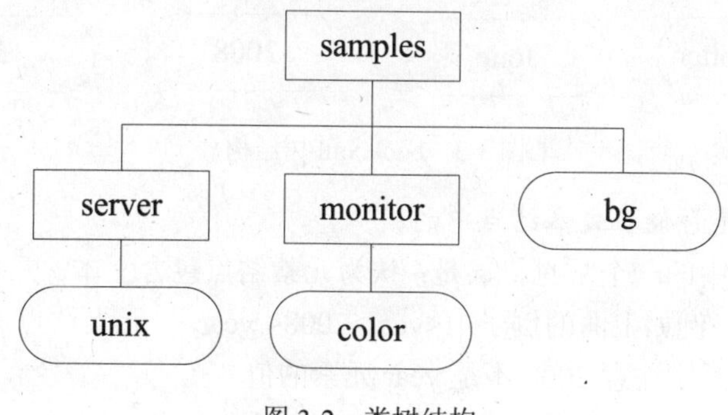

图 3-2　类树结构

下述 XML 文件 book.xml 用来记录书的信息：

```
book.xml
<?xml version="1.0" encoding="ISO-8859-1"?>
<bookstore>
<book category="children">
  <title lang="en">Harry Potter</title>
  <author>Jone</author>
  <year>2008</year>
  <price>30</price>
</book>
<book category="cooking">
```

```
    <title lang="en">Everyday Italian</title>
    <author>Giada De Laurentiis</author>
    <year>2005</year>
    <price>30.00</price>
  </book>
  …
  </bookstore>
```

其对应的树如图 3-3 所示。树的根结点是 bookstore，文档中的所有其他结点都被包含在根结点中。根结点 bookstore 有 4 个 book 结点，第 1 个 book 结点有 4 个子结点：title，author，year 以及 price，其中每个结点都包含 1 个文本结点，分别是 Harry Potter，Jone，2008 和 30。

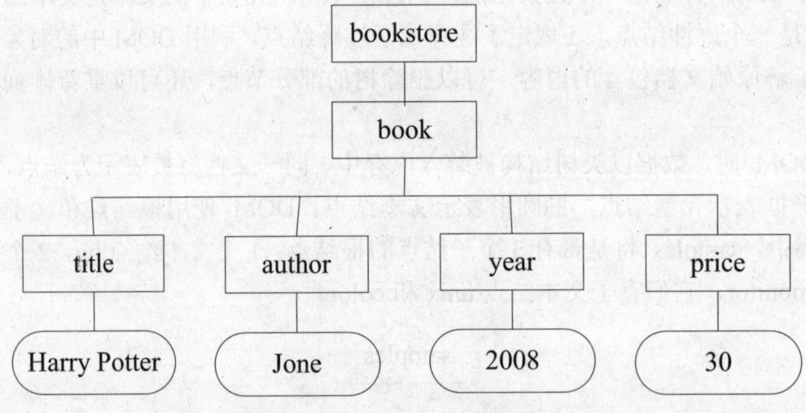

图 3-3　book.xml 树结构

注意：*文本总是存储在文本结点中的。*

在 DOM 处理中的一个常见错误是：认为元素结点包含文本。元素结点的文本是存储在文本结点中的。例如上面的例子中<year>2008</year>，元素结点 year 拥有一个值为 2008 的文本结点，一定注意 2008 不是 year 元素的值。

在结点树中，父、子和兄弟结点之间的等级关系很重要。父结点拥有子结点，位于相同层级上的子结点称为兄弟结点。它们之间的具体关系规则为：在结点树中，顶端的结点成为根结点；根结点之外的每个结点都有一个父结点；结点可以有任何数量的子结点；叶子是没有子结点的结点；兄弟结点是拥有相同父结点的结点。

例如下面的 XML 语句段，title 元素是 book 元素的第一个子结点，price 元素是 book 元素的最后一个子结点。此外，book 元素是 title，author，year 以及 price 元素的父结点，而这 4 个结点互为兄弟结点。

```
<bookstore>
  <book category="CHILDREN">
    <title lang="en">Harry Potter</title>
    <author>Jone</author>
    <year>2008</year>
```

```
        <price>30</price>
    </book>
</bookstore>
```

在 XML 结点树基础上，利用 DOM 解析器对 XML 文档进行操作，从而生成用户所需的 XML 文件。下面通过解析器解析 XML 文件“book.xml”，得到新的“newbook.xml”文件。具体的步骤如下：

第 1 步，给出 book. xml，此文件的内容和上节中的 book.xml 内容相同。

第 2 步，加载与解析 XML 文件。

XML DOM 含有遍历 XML 树以及访问、插入、删除结点的方法。但是，在访问并处理 XML 文档之前，必须把它载入 XML DOM 对象。为了避免因加载文档而重复编写代码，可以把代码存储在一个单独的 JavaScript 文件中，如下面的程序所示，文件命名为“changexml.js”，供其他程序使用。

```
changexml.js
function loadXMLDoc(dname)
{
try //Internet Explorer
    {
    xmlDoc=new ActiveXObject("Microsoft.XMLDOM");
    }
catch(e)
    {
    try //Firefox, Mozilla, Opera, etc.
        {
        xmlDoc=document.implementation.createDocument("","",null);
        }
    catch(e) {alert(e.message)}
    }
try
    {
    xmlDoc.async=false;
    xmlDoc.load(dname);
    return(xmlDoc);
    }
catch(e) {alert(e.message)}
return(null);
}
```

一个新的 XML 文件 newbook.xml，在其 head 部分有一个指向 changexml.js 的链接，并使用 loadXMLDoc() 函数加载 XML 文档 books.xml，载入 XML 解析器，遍历获取

book.xml 中每一个 title 元素。

```
newbook.xml
<html>
<head>
<script type="text/javascript" src="changexml.js"></script>
</head>
<body>
<script type="text/javascript">
xmlDoc=loadXMLDoc("/example/xdom/books.xml");
x=xmlDoc.getElementsByTagName("title");
for (i=0;i<x.length;i++)
  {
  document.write(x[i].childNodes[0].nodeValue);
  document.write("<br />");
  }
</script>
</body>
</html>
```

程序的输出结果是：

Harry Potter
Everyday Italian
Learning XML
XQuery Kick Start

浏览器都内建了供读取和操作 XML 的 XML 解析器。解析器把 XML 转换为 JavaScript 可存取的对象。解析器把 XML 读入内存，并把它转换为可被 JavaScript 访问的 XML DOM 对象。

由于 DOM 对文档树进行操作，所以存在一些问题。如 DOM 构建整个文档驻留内存的树，如果文档很大，就会要求有极大的内存。其次，DOM 创建的原始文档包括元素、文本、属性和空格，如果只需关注原始文档的一小部分，那么创建那些永远不被使用的对象是极其浪费的。再者，DOM 解析器必须在用户的代码执行之前读取整个文档，对于非常大的文档，会速度延迟。除此外，使用 DOM API 是解析 XML 文档的好方法。

3.4.2 SAX 解析器

SAX 解析器不需要建立完整的文档树，而只需在读取文档时激活一系列事件，这些事件被推给事件处理器，然后由事件处理器提供对文档内容的访问。

常见的事件处理器有 3 种：用于访问 XML DTD 内容的 DTDHandler，用于低级访问解析错误的 ErrorHandler 和用于访问文档内容的 ContentHandler。SAX 解析器是分析经过其的 XML 流来进行工作的，一般需要编程实现。针对如下文档：

```
<?xml version="1.0"?>
```

```
<book>
    <title ora:series="Java">Java and XML</title>
    <contents>
        <chapter title="Introduction" number="1">
            <topic name="XML Matters"/>
            <topic name="What's Important"/>
        </chapter>
        <chapter title="Nuts and Bolts" number="2">
            <topic name="The Basics"/>
            <topic name="Constraints"/>
            <topic name="Transformations"/>
        </chapter>
    </contents>
</book>
```

SAX 处理这个程序段时分为 4 步：首先创建事件处理程序，然后创建 SAX 解析器，接着将事件处理程序分配给解析器，最后对文档进行解析，将每个事件发送给处理程序。使用 SAX 对上面 XML 进行解析，解析为：

```
Chapter 1：Introduction
    The 1：XML Matters
    The 2：What's Important
Chapter 2：Nuts and Bolts
    The 1：The Basics
    The 2：Constraints
    The 3：Transformations
```

与 DOM 相比，SAX 解析器具有更好的性能优势，它提供对 XML 文档内容的有效低级访问。SAX 模型最大的优点是内存消耗小，因为整个文档无需一次加载到内存中，这使 SAX 解析器可以解析大于系统内存的文档。另外，SAX 解析器无需像在 DOM 中那样为所有节点创建对象。

此外，SAX 的优点还在于分析处理的是 XML 流，可以立即对 XML 文档开始分析，而无须等待所有要处理的数据。同样，由于应用程序简单地检查经过的数据，所以不需要将数据存储在内存里，在遇到大文档时，这是一个突出的优势。不仅如此，SAX 还比 DOM 快。此外，由于应用程序不以任何方式存储数据，所以使用 SAX 时，不可能对数据进行更改，或者返回至数据流中前面的数据。

SAX 的缺点是必须实现多个事件处理程序以便处理所有到来的事件，同时还必须在应用程序代码中维护这个事件状态，因为 SAX 解析器不能交流元信息。因此，XML 文档越复杂，对应的应用逻辑就会越复杂。虽然没有一次将整个文档加载到内存中，但 SAX 解析器和 DOM 一样还是要解析整个文档。SAX 面临的最大问题还包括它没有内置如 XPath 所提供的那些导航支持。同时由于 SAX 是单遍解析，所以不能支持随机访问。

3.4.3 DOM 与 SAX 的比较

DOM 解析器用于浏览器，而 SAX 用于其他情况。那么，选择 DOM 还是 SAX，这取决于几个因素：

（1）应用程序的目的。如果必须对数据进行更改，并且作为 XML 将它输出，则在大多数情况下，使用 DOM。与使用 XSL 转换来完成的简单结构更改不一样，如果是对数据本身进行更改，则尤其应该使用 DOM。

（2）数据的数量。对于大文件，SAX 是更好的选择。

（3）使用数据的方式。如果实际上只使用一小部分数据，则使用 SAX 将数据抽取到应用程序中的方法更好。但是如果知道将需要向后引用已经处理过的信息，则 SAX 可能不是正确的选择。

（4）速度要求。通常 SAX 实现比 DOM 实现快。

3.5 XML 应用简介

通过对 XML 背景知识的学习，可以发现 XML 是一种很有意思的标记语言。那么，它可以用在哪些方面呢？下面列出 XML 在几种场合下的应用。

（1）数据交换。用 XML 在应用程序和公司之间作数据交换，因为 XML 使用元素和属性来描述数据。在数据传送过程中，XML 始终保留了诸如父/子关系这样的数据结构。几个应用程序可以共享和解析同一个 XML 文件，不必使用传统的字符串解析或拆解过程。相反，普通文件不对每个数据段作描述(除了在头文件中)，也不保留数据关系结构。使用 XML 进行数据交换可以使应用程序更具有弹性，因为可以用位置(与普通文件一样)或用元素名(从数据库)来存取 XML 数据。

（2）Web 服务。Web 服务让使用不同系统和不同编程语言的人们能够相互交流和分享数据，其基础在于 Web 服务器用 XML 在系统之间交换数据。交换数据通常用 XML 标记，能使协议取得规范一致，比如在简单对象访问协议(Simple Object Access Protocol, SOAP)平台上。SOAP 可以在用不同编程语言构造的对象之间传递消息，这意味着一个 C#对象能够与一个 Java 对象进行通讯。这种通讯甚至可以发生在运行于不同操作系统上的对象之间。DCOM，CORBA 或 Java RMI 只能在紧密耦合的对象之间传递消息，SOAP 则可在松耦合对象之间传递消息。

（3）内容管理。XML 只用元素和属性来描述数据，而不提供数据的显示方法。这样，XML 就提供了一个优秀的方法来标记独立于平台和语言的内容。使用 XSLT 语言能够轻易地将 XML 文件转换成各种格式文件，比如 HTML，WML，PDF，flat file 等。XML 具有的能够运行于不同系统平台之间和转换成不同格式目标文件的能力使得它成为内容管理应用系统中的优先选择。

（4）Web 集成。现在有越来越多的设备支持 XML，这使得 Web 开发商可以在个人电子助理和浏览器之间用 XML 来传递数据。为什么将 XML 文本直接送进这样的设备去呢？这样做的目的是让用户自己掌握更多的数据显示方式，更能体验到实践的快乐。常规的客户/服务(C/S)方式为了获得数据排序或更换显示格式，必须向服务器发出申请，而

XML 则可以直接处理数据，不必经过向服务器申请查询-返回结果这样的双向“旅程”，同时设备也不需要配制数据库，甚至还可以对设备上的 XML 文件进行修改并将结果返回给服务器。

习题

1. XML 文档是由哪几部分构成的？
2. 用 xmlns 属性定义命名空间时，前缀有什么作用？
3. 什么是内部 DTD 与外部 DTD？
4. 一个 XML 元素由_______,_______ 以及位于开始标记、结束标记之间的_______构成。
5. 文档类型定义是一类用于_________的文本，它规定 XML 文档的________。
6. 在 DTD 中，元素类型声明的格式是__________________，属性声明的形式是_____________。
7. 请编写一个有效的 XML 文件，约束该 XML 文件的 DTD 文件如下：

```
<!ELEMENT 商品信息 (商品*)>
<!ELEMENT 商品 (名称,价钱,连锁店+)>
<!ATTLIST 商品 商标 CDATA #REQUIRED>
<!ELEMENT 名称 (#PCDATA)>
<!ELEMENT 价钱 (#PCDATA)>
<!ELEMENT 连锁店(#PCDATA)>
```

参考文献

[1] 耿祥义. XML 基础教程. 北京: 清华大学出版社, 2006.

[2] 吴洁. XML 应用教程（第 2 版）. 北京: 清华大学出版社, 2007.

[3] 丁跃潮, 张涛. XML 实用教程. 北京: 北京大学出版社, 2006.

[4] 贾素玲, 王强. XML 技术应用. 北京: 清华大学出版社, 2007.

[5] 丘广华, 张文敏. XML 编程实例教程. 北京: 科学出版社, 2004.

第 4 章　可扩展超文本标记语言基础

HTML 语法要求比较松散，便于编写网页文件。但对于机器而言，语言语法越松散，处理就越困难。计算机有能力兼容松散语法，但对于解析能力有限的手持终端设备如手机，难度就比较大，因此产生了由 DTD 定义规则、语法要求更加严格的可扩展超文本标记语言（eXtensible HyperText Markup Language，XHTML）。

XHTML 是用 XML 对 HTML 重新格式化来实现的。XHTML 的标签与 HTML 相同，可以将 XHTML 视为用 XML 语法写出来的 HTML。XHTML 属于 XML 系列的语言，比 HTML 有更简洁严格的结构，从而使得对文档的解析更为容易，这对手持终端等无线设备尤为重要。目前，所有主流 Web 浏览器都支持 XHTML，XHTML 将逐渐替代 HTML。

传统的 HTML 语言并不要求良好的格式。当在 HTML 中添加新元素组时，需要更改整个文档类型定义。XHTML 具有良好的格式，简化了新元素集合的开发和集成。XHTML 是可以扩充的语言，能够包含其他文档类型，所以 XHTML 可以支持更多的显示设备。在 XHTML 中，推荐使用 CSS 样式定义页面的外观，可以分离页面的结构和表现，方便利用数据和更换外观。XHTML 提倡使用更加简洁和规范的代码，使得代码的阅读和处理更加方便。使用 XHTML 代码具有更好的向后兼容的特性，可以使页面长期有效。XHTML 主要有以下技术优势：

（1）XHTML 可以得到广泛应用。HTML 已经不能满足互联网世界的快速发展。小型可移动设备终端不具备普通 PC 所编写的页面所需的内存和网络带宽，还需要特殊编码。实际上，使用一种语言的人越多，该语言作为交流工具就越有用。HTML 用户广泛，无论 XML 技术有多好，很多人还是不单纯使用 XML。W3C 的解决方案将 HTML 重新定义为一组模块，可以和其他标记集结合使用，即将 HTML 调整为 XML 的应用程序。这个应用程序是 XHTML，兼容 HTML 和 XML。

（2）让浏览器适应。如果现在完全转为 XML，那么有很多旧浏览器无法正常运转，许多网络用户没有可以读取 XML 的浏览器，这种状况就长期存在，因此 XHTML 应势而生。XHTML 是个很好的过渡性语言，向后兼容，而且在 2.0 以上的浏览器上能够显示。

（3）有更好的可移植性。XHTML 有很好的可移植性。当前非良构的 HTML 在不同浏览器中显示有所不同，取决于浏览器对 HTML 文档的特定解释，这对于在 Web 上搜索信息或进行娱乐非常不便。大多数 Web 站点都只能适应特定的浏览器，将潜在的访问者排除在外，所以访问这种网站很不方便。通过使用 XHTML，浏览器将以相同方式解释文档。

（4）兼容其他支持 Web 的用户代理。现在出现很多新型的终端，如蜂窝电话、手持设备和 WebTV 等，这些设备都具备 HTML 对文档的解释能力，它们都是为 XML 设计的。XHTML 技术使得与这些终端通信成为了可能。如果 XHTML 文档是非良构的，那么内容将不会被显示，这就减少了这些设备对内存和计算能力的需求。

（5）增强了可扩展性。使用 XHTML 可以增强可扩展性。可以重新定义新的命名空间以增加新的标记。XHTML DTD 定义名称空间，名称空间是一组比较独特的标记。

4.1　XHTML 基本语法

XHTML 遵循 XML 的良好结构概念，即文档要完整有序。在 HTML 中，有些语法只属于可选项，而在 XHTML 中属于要遵循的特性。除了良好结构外，在文档头元素中还引入了几个新属性。

与传统的 HTML 相比，XHTML 语言具有以下优点：HTML 语言不要求良好格式，XHTML 具有良好的格式；HTML 不可扩展，XHTML 可扩充，能够包含其他文档类型，具有 XML 的扩展功能；XHTML 支持更多的显示设备；XHTML 提倡使用更加简洁和规范的代码，使得代码的阅读和处理更加方便；使用 XHTML 代码，具有更好的向后兼容的特性，可以使页面长期有效。

从 HTML 过渡到 XHTML 时变化较小。其最明显的变化即在于：文档必须具有良好结构；所有标记必须闭合；开始标记要有相应的结束标记；标记必须小写；所有参数值必须用双引号括起来。

4.1.1　XHTML DTD

XHTML 文档有 3 个主要部分：DOCTYPE，Head 和 Body。

XHTML 的一个文档实例如下：

```
<!DOCTYPE html PUBLIC "-//W3C//DTD XHTML 1.0 Strict//EN"
"http://www.w3.org/TR/xhtml1/DTD/xhtml1-strict.dtd">
<html>
<head>
<title>简单例子</title>
</head>
<body>
<p>这是一个简单的片段。</p>
</body>
</html>
```

在这个 XHTML 文档中，文档类型声明<!DOCTYPE>是强制使用的，总是位于首行。上例中前两行为文档类型声明定义。

所有 XHTML 文档必须进行文件类型（DOCTYPE）声明。通用标记语言应该使用 DTD 来规定应用于某种特定文档中的标签的规则，这些规则包括一系列元素和实体的声明。在 DTD 中，XHTML 被详细地进行了描述，即 XHTML DTD 使用精确的、可被计算机读取的语言来描述合法的 XHTML 标记的语法和句法。

XHTML 使用 3 种 XHTML 文档类型，即 Strict（严格类型）、Transitional（过渡类型）和 Frameset（框架类型），对应 3 种 DTD。

XHTML 1.0 Strict：

```
<!DOCTYPE html PUBLIC "-//W3C//DTD XHTML 1.0 Strict//EN"
```

```
"http://www.w3.org/Tr/xhtml1/DTD/xhtml1-strict.dtd">
```

在此情况下，使用干净的标记，避免表现上的混乱，一般与层叠样式表配合使用。

XHTML 1.0 Transitional：

```
<!DOCTYPE html PUBLIC "-//W3C//DTD XHTML 1.0 Transitional//EN"
"http://www.w3.org/Tr/xhtml1/DTD/xhtml1-transitional.dtd">
```

此情况适用于要利用 HTML 在表现上的特性，并且需要为那些不支持层叠样式表的浏览器编写 XHTML 时。

XHTML 1.0 Frameset：

```
<!DOCTYPE html PUBLIC "-//W3C//DTD XHTML 1.0 Frameset//EN"
"http://www.w3.org/Tr/xhtml1/DTD/xhtml1-frameset.dtd">
<frameset rows="25%,75%">
<frame src="f1.html"name="f1">
<frame src="f2.html"name="f2">
</frameset>
```

其中，"rows="25%,75%"表示该页面共分为两行，因为它有两个属性值，而其值分别为页面高度的 25%和 75%。适用于需要使用 HTML 框架将浏览器窗口分割为两部分或更多框架时。

4.1.2　XHTML 字符集

XML，XHTML 和 HTML 4.0 文档的默认字符集是 Unicode，这是由 Unicode 联盟定义的标准。Unicode 是一套字符集，为每个字符提供了一个特定的、唯一的数字，而不论平台、程序和语言情况。

尽管 Unicode 是 Web 文档默认的字符集，开发人员还是可以选择更适合的字符集。如美国和西欧的网站使用 ISO-8859-1（Latin-1）编码，而中国标准是 GB2312。

4.1.3　XHTML 使用严谨的标记

XHTML 的标记必须是闭合的。HTML 的这种写法不规范，但也不会出错。而对 XHTML 而言，这种写法是不允许的，因大多数计算机浏览器能解析，但手持终端浏览器不能解析。在 HTML 中打开一个元素时，并不总是要求提供相应的结束元素。在 XHTML 中没有这种不确定性，这主要归功于 XHTML 坚决主张标记必须是良好架构的，如果打开一个元素，就必须有结束元素。在 HTML4 中，下列代码是合法的标记：

```
<ul>
    <li>Here's a sample list item,
    <li>And yet another.
</ul>
<p>I like big blocks,<br>and I cannot lie.
```

然而在 XHTML 中就有些不同：

```
<ul>
    <li>Here's a sample list item,</li>
```

```
    <li>And yet another.</li>
</ul>
<p>I like big blocks,<br />and I cannot lie.</p>
```

在 XHTML 中，必须使列表项(<li></li>)和段落(<p>)是闭合的。在开始新元素之前，需要用相应的</li>和</p>关闭每个元素。

XHTML 标记不可嵌套重叠。从本质上讲，元素必须有结束标记，或者必须以特殊方式书写，而且元素必须嵌套。目前，浏览器普遍允许 HTML 文档嵌套重叠，这是 XHTML 不允许的。“良好架构”对旧规则来讲是一个非常重要的新术语。良好架构意味着所用元素必须被正确嵌套。请看下面的例子：

```
<p>Here's
    <em>my <strong>opening
        </em>
        </strong>
 paragraph!</p>
```

在这里，首先打开 em，然后打开 strong。然而标记遵循先打开后关闭的原则。由于 em 在 strong 之前打开，因此它必须在 strong 结束标签之后关闭。如果要把这段标记修改为良好架构的，需要对元素的嵌套顺序作一点小小改变：

```
<p>Here's
    <em>my
        <strong>opening
        </strong>
    </em> paragraph!
</p>
```

正确嵌套是一个已有的概念。书写不正确的嵌套标记永远都是无效的，然而这种标记在今天的许多页面构建中仍非常普遍。任何一个给定的浏览器都有各自的策略对嵌套不正确的标记进行修复，所以呈现页面时经常产生不同的结果。XHTML 是一种显式要求结构正确的语言，通过对标记的良好架构要求，使文档语法更严格，这样在代码中就可消除结构的不一致性。

XHTML 对大小写敏感。HTML 标记不区分大小写，但 XHTML 区分标记的大小写，因 XML 对大小写敏感。

XHTML 要求属性值必须在引号中。HTML 的属性值可以没有引号，而 XHTML 的属性值必须要引号。如下面的写法是错误的，width 的值没有加引号：<table width=800>。

XHTML 不支持属性最小化。属性、属性值必须完整地成对出现，属性名不能在未指定属性值的情况下出现，而必须写成 disabled="disabled"。

这类属性有 Compact，Checked，Declare，readonly，disabled，selected，Defer，Ismap，Nohref，noshade，Nowrap，Multiple 和 noresize 等。

特殊符号的编码表示。在 XHTML 中，脚本和风格元素被声明为#PCDATA 内容。因此，“<”和“&”被看作是标识的开始，“<”和“&”等 HTML 实体将被 XML

处理器看作为实体引用，即被认为是“<”和“&”，将脚本和风格元素的内容隐蔽在 CDATA 标记中。

非标记的小于号（<）必须被编码为“&it”；非标记的大于号（>）必须被编码为“>”；非标记的与号（&）必须被编码为“&”。

XHTML 不能在注释内容中使“--”。在注释标签“<!—”与“-->”之间不能插入“--”的符号，如：

<!--这种注释--------不合法-->

这种写法不允许。

XHTML 对图片必须有说明文字。每个图片标记都必须有 alt 说明文字，如：

<img src="ball.jpg" alt="红色球" />

XHTML 文档必须拥有一个根元素。所有的 XHTML 元素必须被嵌套于<html>根元素中，其余元素均可有子元素。子元素必须是成对的且被嵌套在其父元素之中。

用 id 属性代替 name 属性。HTML 4 定义了具有 name 属性的元素有 a，applet，form，frame，iframe，img 和 map。HTML 4 还引入了 id 属性。这两个属性都用为片段标识符。

在 XML 中，片段标识符是 id，每个元素只能有一个 id 类型的属性。因此在 XHTML 中，id 属性被定义为 ID 类型。为保证 XHTML 文档是结构良好的 XML 文档，在定义片段标识符时，XHTML 文档必须使用 id 属性，而不使用 name 属性。

以下写法是错误的：<input type="button" name="calc" />

正确的写法是：<input type="button" id="calc" />

说明：在“/”符号前添加一个空格，以使 XHTML 代码与目前浏览器兼容。

4.1.4 XHTML 元素的属性

XHTML 元素的属性分为 4 种：核心属性、语言属性、键盘属性和事件属性。

1. XHTML 有 4 种核心属性

Class 属性：取值 class_rule 或 style_rule，指示元素的类（class）。

Id 属性：取值为 Id_name，指示元素的某个特定 id。

Style 属性：是样式定义，用于内联样式定义。

Title 属性：是提示文本，用于显示提示工具中的文本。

以下标记没有上述属性：base，head，html，meta，param，script，style 和 title 元素。

2. XHTML 有两种语言属性

Dir 属性：取值为 Ltr 或 rtl，用于设置文本的方向。

Lang 属性：是语言代码，用于设置语言代码。

以下标记没有上述属性：base，br，frame，frameset，hr，iframe，param 和 script 元素。

3. XHTML 有两种键盘属性

Accesskey 属性：取值为字符，用于设置访问某元素的键盘快捷键。

Tabindex 属性：取值为数字，用于设置某元素的 Tab 次序。

4. XHTML 有两种事件属性

HTML 4.0 的新特性之一是使 HTML 事件触发浏览器中的行为，当用户点击 HTML

元素时启动一段脚本。以下就是可被插入 HTML 标记以定义事件行为的一系列属性。

窗口事件 (Window Events)仅在 body 和 frameset 元素中有效。

Onload 事件：取值为脚本，即当文档被载入时执行脚本。

Onunload 事件：取值为脚本，即当文档被卸下时执行脚本。

4.1.5　XHTML 元素的事件

XHTML 元素有 3 种事件：表单元素事件、键盘事件和鼠标事件。

1. 表单元素事件

表单元素事件仅在表单元素中有效，有 6 种表单元素事件，分别如下：

Onchange 事件：取值为脚本，表示当元素改变时执行的脚本。

Onsubmit 事件：取值为脚本，表示当表单被提交时执行的脚本。

Onreset 事件：取值为脚本，表示当表单被重置时执行的脚本。

Onselect 事件：取值为脚本，表示当元素被选取时执行的脚本。

Onblur 事件：取值为脚本，　表示当元素失去焦点时执行的脚本。

Onfocus 事件：取值为脚本，表示当元素获得焦点时执行的脚本。

2. 键盘事件

键盘事件如下：

Onkeydown 属性：取值为脚本，表示当键盘被按下时执行的脚本。

Onkeypress 属性：取值为脚本，表示当键盘被按下后又松开时执行的脚本。

Onkeyup 属性：取值为脚本，表示当键盘被松开时执行的脚本。

上述属性在下列元素中无效：base，bdo，br，frame，frameset，head，html，iframe，meta，param，script，style 和 title 元素。

3. 鼠标事件

鼠标事件有：Onclick，Ondblclick，Onmousedown，Onmousemove，Onmouseout，Onmouseover 和 Onmouseup，分别表示当鼠标被单击时、双击时、被按下时、移动时、移出时、悬浮时和松开时要执行的脚本。

注意：这些事件在下列元素中无效：base，bdo，br，frame，frameset，head，html，iframe，meta，param，script，style 和 title 元素。

4.1.6　XHTML 模型

XHTML 模块化模型定义了它的模块。XHTML 模块化的原因是：XHTML 是简单而庞大的语言，包含了网站开发者需要的大多数功能。对于某些特殊的用途，XHTML 太大且太复杂；而对于其他用途，它又太简单了。通过将 XHTML 分为若干模块，W3C 已经创造出数套小巧且定义良好的 XHTML 元素，这些元素既可被独立应用于简易设备，又可以与其他 XML 标准并入大型的复杂的应用程序。

通过使用模块化的 XHTML，产品和软件设计者可选择被某种设备所支持的元素；在不破坏 XHTML 标准情况下，使用 XML 对 XHTML 进行扩展；针对小型设备，对 XHTML 进行简化；通过添加新的 XML 功能（如 MathML，SVG，语音和多媒体），针对复杂的应用对 XHTML 进行扩展。

W3C 已为 XHTML 定义了如下模型：

Applet Module（Applet 模块），定义已被废弃的 applet 元素。

Base Module（基础模块），定义基本元素。

Basic Forms Module（基础表单模块），定义基本的表单元素（forms）。

Basic Tables Module（基础表格模块），定义基本的表格元素（table）。

Bi-directional Text Module（双向文本模块），定义 bdo 元素。

Client Image Map Module（客户端图像映射模块），定义浏览器端图像映射元素。

Edit Module（编辑模块），定义编辑元素删除和插入。

Forms Module（表单模块），定义所有在表单中使用的元素。

Frames Module（框架模块），定义 frameset 元素。

Hypertext Module（超文本模块），定义 a 元素。

Iframe Module（内联框架模块），定义 iframe 元素。

Image Module（图像模块），定义图像元素（img）。

Intrinsic Events Module（固有事件模块），定义事件属性，如 onblur 和 onchange。

Legacy Module（遗留模块），定义被废弃的元素和属性。

Link Module（链接模块），定义链接（link）元素。

List Module（列表模块），定义 ol，li，ul，dd，dt 和 dl 等列表元素。

Metainformation Module（元信息模块），定义 meta 元素。

Name Identification Module（名称识别模块）， 定义已被废弃的 name 属性。

Object Module（对象模块），定义对象（object）元素和 param 元素。

Presentation Module（表现模块），定义表现元素比如 b 和 i。

Scripting Module（脚本模块），定义脚本（script）和无脚本（noscript）元素。

Server Image Map Module（服务器端图像映射模块)，定义服务器端图像映射元素。

Structure Module（结构模块），定义 html，head，title 和 body 元素。

Style Attribute Module（样式属性模块），定义样式属性。

Style Sheet Module（样式表模块），定义样式元素。

Tables Module（表格模块），定义表格中的元素。

Target Module（Target 模块），定义 target 属性。

Text Module（文本模块），定义文本容器元素，如 p 和 h1。

说明：已被废弃的元素不应被用于 XHTML 之中。

4.2 XHTML 编程技术

4.2.1 XHTML 框架技术

框架最早是在 Netscape navigator 1.1 的版本引入到 Web 中的，在 HTML 4.0 规范中正式被采纳，最后转变到 XHTML 1.0 框架集 DTD。

框架结构标记<frameset></frameset>。框架允许在浏览器窗口内打开两个乃至多个页面。可以这样理解，<frameset>其实就是一个大<table>，只不过整个页面是<table>的主体，而每一个单元格的内容都是一个独立的网页。

给框架结构分栏。框架把浏览器的窗口分成二维，即行和列。窗口空间是框架结构，可理解为一网页为单元格的表格，就需要分栏。其中 cols 属性将页面分为几列，而 rows 属性则将页面分为几行。下面来看一个例子：

```
<frameset rows="50%,50%" cols="50%,50%">
<frame src="f1.html" name="f1"/>
<frame src="f2.html" name="f2"/>
<frame src="f3.html" name="f3"/>
<frame src="f4.html" name="f4"/>
</frameset>
```

这是最简单的框架，把浏览器的窗口分成 4 个相同的长方形。

上面的实例中已经用到了<frame>标记，它的 src 属性就是这个框架里将要显示的内容。在本实例中的两个框架是可以通过拖拽来改变大小比例的，如果希望大小固定，可使用 noresize="noresize"属性。

注意：<frame>标记是空标记，需要加上一个“/”以符合 XHTML 的要求。

关于<noframe>标记，只有当浏览器不支持框架结构时，该标记才会起作用。由于现在几乎所有浏览器都支持框架结构，所以在这里就不介绍这个标记了。如果想了解相关内容，可以查阅 HTML 手册。

4.2.2　XHTML 与 CSS 技术结合

由于标记和CSS在很大程度上是相互关联的，因此可以认为样式是从结构中提取的。标记主要用于描述内容，但它常常包含一定程度的表现信息。然而，程度大小完全取决于设计人员，设计人员可以很容易地把表现方面的工作放到XHTML中——XHTML中充满了font，table和透明的GIF图形。另一方面，样式表中可以包含规则，规则决定页面设计的许多方面：颜色、版式、图像乃至布局等。如果把这些规则放在外部的样式表文件中并在站点页面中引用，就可以对站点中成千上万HTML文档的可视化显示进行控制。这不仅在日常的站点更新非常有前景，而且也利于今后对整个网站进行重新设计。在集中的样式表中简单修改很少几行就能很好地对标记的表现进行控制。

由于CSS可以保存在不同的文件中，因此在访问站点的第一个页面后，至少在表面上可以把整个站点的用户界面缓存起来。而在站点设计的标签汤时代，用户不得不为站点的每一页面重复下载大量的标记：嵌套的<table>元素、透明的GIF图形、<font>元素、bgcolor声明，以及对每个Web页面都要保持相同设计样式的标记。一旦用户完全下载了一个站点的样式表，就可以很快地浏览该站点的其他页面，因为此时需要下载的标记已经很少了。使用CSS还有一个明显的好处：标记变得更简单。这样可以进一步减少对用户的带宽要求，而下载页面的速度更快。

CSS设计的技术要点：避免过度使用div和class，转向良好定义的标记，熟悉其他标记元素，注重内容而不是图形。

CSS添加样式层。CSS由样式规则组成，样式规则由浏览器解释，然后应用到文档中的相关元素。每一个CSS样式规则都由两部分组成：一个选择符和一个声明块。选择符告诉浏览器该规则所影响的元素，声明块决定将要修改元素的哪些属性（图4-1）。

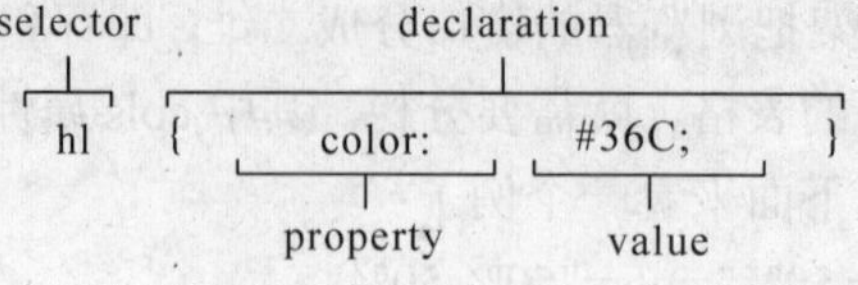

图 4-1　CSS 样式声明

CSS 包含多种选择符，如：

```
h1 {
    color: #36C;
}
```

它指示浏览器选择指定类型的所有元素(在这里是标记中的所有h1)并以天蓝色显示。

通配选择符。这是一种广泛使用的选择符，它比类型选择符用途广泛。除了选择指定类型元素外，通配选择符可以很简单地与任何类型的元素名匹配。其符号是星号或通配符，如下所示：

```
{
color: #000;
}
```

该规则把文档的所有内容显示为黑色。

后代选择符，如：

```
<p>I just <em>love</em> emphasis!</p>
<ul>
    <li>Don't <em>you</em>?!</li>
    <li>Oh, certainly.
        <ol>
        <li>I <em>still</em> love it!</li>
        </ol>
    </li>
</ul>
```

大多数浏览器都默认把 em 元素呈现为斜体。若希望所有在 ul 内的 em 元素都显示为大写，可用类型选择符写一个规则并匹配所有 em 元素：

```
em {
    text-transform: uppercase;
}
```

但这只是希望匹配ul中的em元素，即ul之外的em元素不受该规则影响。由于仅仅在选择符中用em匹配文档中的所有em，所以需要做小小的限定：

```
ul em {
    text-transform: uppercase;
}
```

该规则以一个后代选择符开始，告诉浏览器"选择ul元素中的所有em元素"，这正如父母的孩子是祖父母和曾祖父母的后代一样。按这种方式，该规则可被应用到该无序列表的每一层em元素——即使是包含在其有序列表内的em也是如此。最重要的是，这条规则不会被应用到起始标记p中的em元素，这正是我们所希望的。

类选择符。这个选择符允许 CSS 的作者选择元素，这些元素的 class 属性包含句点(.)后指定的值。在下面的示例中，制定的规则将选择 class 属性中包含字"text"的所有 input 元素，如下所示：

```
input.box {
    border: 1px solid #C00;
    }
input.box {
    <form id="sample" action="blah.html" method="post">
    <fieldset>
        <p>
            <label for="box-one">Box #1:</label>
            <input type="text" id="box-one" size="15" class="text" />
        </p>
        <p>
            <label for="box-two">Box #2:</label>
            <input type="text" id="box-two" size="15" class="text" />
        </p>
        <input type="submit" id="submit" value="Submit!" />
    </fieldset>
</form>
```

示例中表单的submit按钮不受影响，两个文本字段(class属性值为"text")将受规则影响。

ID 选择符与类选择符类似，ID 选择符可以基于 ID 属性选择一个元素：

```
h1#page-title {
    text-align: right;
}
```

class 选择符用句点(.)，而 ID 选择符用井号(#)。根据这条规则，将选择 ID 属性值与＃号后文本(名为"page-title")匹配的 h1 元素。和 class 选择符一样，也可以使用隐含的通配选择符，即把＃号前的 h1 去掉即可：

```
#page-title {
    text-align: right;
}
```

CSS的继承性。一些属性及其赋值可由后代元素继承，可以画出一棵页面元素的家族树，如图4-2所示：

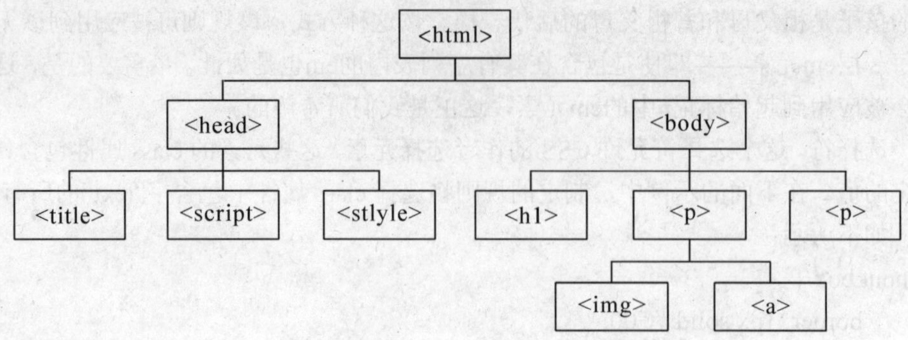

图 4-2　html 结构层次示意图

1. 检查元素的层次

HTML元素是页面的根元素，是“文档树”的基础，是所有子元素(即head和body元素)的父元素。head和body元素有自己的子元素，它们的子元素又有自己的子元素。有相同父元素的元素被称为兄弟元素。从树上某个点向下超过一层的标签称为后代元素。反过来可以认为，接近顶层的元素是更接近底层的元素的祖先。这里我们得到一棵家族树，尽管规律性稍差些，但层次分明。考虑这种层次结构中的标记，就很容易联想到样式是如何向下传播到不同分枝的。如下示例：

```
body {
color: #000;
font-family: Georgia, "Times New Roman", serif;
font-size: 12px;
}
```

根据前面讲到的语法规则可知，代理选择所有的body元素并把body内的字体设置为serif(可在用户机器上按顺序查找字体Georgia，Times New Roman或通用的sansseriffont)、字号设置为12px、黑色(#000)。

2. 重写继承

如果不希望文档的特定部分从祖先继承属性，又该如何呢？看看下面的示例：

```
<body>
    <p>I still like big blocks.</p>
   <ul>
        <li>...but lists are even cooler.</li>
   </ul>
</body>
```

如果把前面针对body元素的CSS规则应用到这里，则p和li内的所有文本都将继承在那里声明的属性值。但是假如用户要求所有列表项都要为红色的sans-serif字体，该怎么办呢？只需写一条规则就可选择所关心的后代元素，如下所示：

```
body {
    color: #000;
```

```
    font-family: Georgia, "Times New Roman", serif;
    font-size: 10px;
}
li {
    color: #C00;
    font-family: Verdana, sans-serif;
}
```

在这里看一下“层叠样式表”的层叠部分是如何工作的。因为列表项是body元素的后代，第二条规则有效地打破了继承链并把声明的样式应用于所选的元素如例子中的li。因没有为列表项声明新的字体大小，因此它们仍然从祖先body继承该属性值(10px)。最终结果是用户看到的列表项是按所要求的红色、sans-serif字体显示，而该页其他元素则继承body的规则。

4.3 浏览器技术

4.3.1 浏览器概述

浏览器是可以显示网页服务器或者文件系统的 HTML 文件内容，并让用户与这些文件交互的一种软件。浏览器是最经常使用到的客户端程序，它用来显示在万维网或局部局域网络等内的文字、影像及其他信息。这些文字或影像，可以是连接其他网址的超链接，用户可迅速方便地浏览各种资讯。网页一般是 HTML 格式，有些网页需使用特定的浏览器才能正确显示。

个人电脑上常见的网页浏览器包括微软的 Internet Explorer，Mozilla 的 Firefox，Apple 的 Safari，Opera，HotBrowser，Google Chrome，GreenBrowser，Avant 浏览器、360 安全浏览器、世界之窗、腾讯 TT、搜狗浏览器和傲游浏览器等。

网页浏览器主要通过 HTTP 协议与网页服务器交互并获取网页，这些网页由 URL 指定，文件格式通常为 HTML，并由 MIME 在 HTTP 协议中指明。一个网页中可以包括多个文档，每个文档都是分别从服务器获取的。大部分的浏览器本身支持 HTML 之外的广泛格式，例如 JPEG，PNG，GIF 等图像格式，能够扩展支持众多的插件。许多浏览器还支持其他的 URL 类型及其相应的协议，如 FTP，Gopher，HTTPS（HTTP 协议的加密版本）。HTTP 内容类型和 URL 协议规范允许网页设计者在网页中嵌入图像、动画、视频、声音、流媒体等。

4.3.2 浏览器内核技术

浏览器核心即解释引擎，负责对网页语法的解释（如 HTML，JavaScript）并渲染（显示）网页。 浏览器内核就是浏览器所采用的渲染引擎，它决定了浏览器如何显示网页内容以及页面的格式信息。不同的浏览器内核对网页编写语法的解释不同，因此同一网页在不同的内核的浏览器里的渲染（显示）效果也可能不同，这也是网页编写者需要在不同内核的浏览器中测试网页显示效果的原因。浏览器常使用 4 种内核。

（1）Trident内核。Micrsoft Internet Explorer浏览器就使用Trident内核。Trident内核程序在1997年的IE4中首次被采用，是微软在Mosaic代码的基础之上修改而来的，并沿用到IE8。Trident是一款开放的内核，其接口内核设计相当成熟，因此才有许多采用IE内核而非IE的浏览器涌现，如Maxthon，TT，GreenBrowser，AvantBrowser等。由于IE本身的“垄断性”，使得Trident内核长期一家独大，微软很长时间内没有更新Trident内核，导致Trident内核曾经几乎与W3C标准脱节，Trident内核的大量安全性问题没有得到及时解决，从而致使很多用户转向了其他浏览器。

（2）Gecko内核。Netscape 6.0最早采用Gecko内核，后来的火狐浏览器（Mozilla FireFox）也采用了该内核，Gecko的代码完全公开。因为这是个开源内核，因此受到许多人青睐，Gecko内核的浏览器也很多。此外，Gecko也是一个跨平台内核，可以在Windows，BSD，Linux和Mac OS X中使用。

（3）Presto内核。Prestio内核是目前Opera采用的内核，该款引擎的特点就是渲染速度的优化达到了极致，也是目前公认网页浏览速度最快的浏览器内核，然而代价是牺牲了网页的兼容性。这实际上是一个动态内核，与前面几个内核最大区别在于脚本处理上Presto有着天生优势，页面的全部或者部分都能够在回应脚本事件等情况下被重新解析。Presto是商业引擎，使用Presto的浏览器较少，如Opera，NDSBrowser，Wii Internet Channle和Nokia 770网络浏览器，这很大程度上限制了Presto的发展。

（4）Webkit内核。这是苹果公司的内核。Webkit引擎包含WebCore排版引擎及JavaScriptCore解析引擎。Webkit也是自由软件，同时开放源代码，在安全方面不受IE，Firefox的制约。Google的Chrome也使用Webkit作为内核。Webkit内核在手机上应用广泛，例如Google的手机 Gphone，Apple的iPhone, Nokia’s Series 60等浏览器都基于Webkit。

4.3.3 常见的浏览器

(1)基于Gecko内核的浏览器。基于Gecko内核的浏览器主要有火狐浏览器，Redfox，Madfox和Netscape 6.0+等。火狐浏览器是一个开源网页浏览器，由Mozilla基金会与数百个志愿者所开发，原名“Phoenix”（凤凰），之后改名“Mozilla Firebird”（火鸟），最后改为火狐。 FireFox是一个轻便、快速、简单与高扩充性的浏览器。Redfox是经过定制后的绿色安装增强FireFox版本，其特点如下：采用正式版代码编译优化，支持部分非标准网站；不写注册表，可以方便地拷贝移动或者删除；加入了大量常用扩展供大家在安装的时候选择；对原有FireFox的错误和不方便设置进行了修正；调整了部分次参数进一步加快FireFox的浏览速度。Madfox是一个基于FireFox的浏览器。Madfox旨在从技术角度出发，通过扩展FireFox，尝试去兼容不符合标准和规范的网站。网景浏览器是网景通讯公司开发的浏览器。网景通讯公司是一家美国电脑服务公司，以其生产的同名网页浏览器而闻名。

（2）基于Presto内核的浏览器。Opera是基于Presto内核的浏览器，Opera极为出色，具有速度快、节省系统资源、订制能力强、安全性高以及体积小等特点，是目前最受欢迎的浏览器之一。多文件接口（MDI）、方便的缩放功能、整合搜索引擎与鼠标浏览功能、宕机时可以从上次浏览进度开始、防止pop-up、全屏幕显示、对HTML标准的支持、整合电子邮件与新闻群组以及让使用者自订接口按钮、皮肤、工具列等的排列方式，这些都是 Opera 所拥有的多年来备受人们喜爱的特殊功能。

（3）基于 Kestrel 内核的浏览器。Opera 9.5 之后版本使用了 Kestrel 内核，使 Opera 9.5 速度更快，且它支持开放网页标准。其中 Opera Link 功能可以使用户自由连接使用 Opera 浏览器的设备。最新的 Opera 9.5 浏览器可以在 Windows，Mac 及 Linux 操作系统下流畅运行。

（4）基于其他内核的浏览器。傲游浏览器 3.0 是国内首先尝试使用 Webkit 与 Trident 双核的浏览器。Webkit 核心将使打开网页的速度更快，Trident 核心则会带来更好的兼容性支持。除此之外，傲游 3.0 目前还包括智能填表、智能地址栏、弹窗过滤、在线收藏等功能。Q 浏览器 5 是腾讯公司推出的新一代浏览器，使用极速（Webkit）和普通（Trident）双浏览模式，设计了全新的界面交互及程序框架，是一款快速、稳定、安全、网络化的优质浏览器。搜狗高速浏览器（2.x）使用高速（Webkit）和兼容（Trident）双浏览模式，保证良好兼容性的同时极大地提升了网页浏览速度。当采用高速模式访问网页出现问题时，可点击地址栏旁边的内核按钮直接切换内核，使用兼容性更佳的兼容模式正常浏览网页。

4.4 编辑器的使用

4.4.1 编辑器概述

网页编辑器有助于开发者快速开发，减少出错率，同时可以实现所见即所得。对于初学者而言，选择适合自己的网页编辑器很重要。可视化 Web 编辑器简单易学，功能强大，用它做出的网页垃圾代码也比较少，并且还可以在用所见即所得的环境制作网页的同时，在代检视窗中看到对应的 HTML 代码。

最常用的编辑有 FrontPage，Dreamweaver，HomeSite 和 Netscape 等。可视化的开发工具很多，但是功能最强大、最易学的工具还是 Dreamweaver。Dreamweaver 包括可视化编辑、HTML 代码编辑的软件包，支持 ActiveX，JavaScript，Java，Flash 和 ShockWave 等特性，通过拖拽制作动态 HTML 动画，支持动态 HTML 的设计，使得即使没有插件也能够在 Netscape 和 IE 6.0 浏览器中正确地显示页面的动画。同时它还提供了自动更新页面信息的功能。此外，Dreamweaver 还采用了 Roundtrip HTML 技术。这项技术使得网页在 Dreamweaver 和 HTML 代码编辑器之间进行自由转换，HTML 句法及结构不变。这样，专业设计者可以在不改变原有编辑习惯的同时，充分享受到可视化编辑带来的益处。Dreamweaver 最具挑战性和生命力的是它的开放式设计，这项设计使任何人都可以轻易扩展它的功能。

4.4.2 Dreamweaver 的使用

1. 选择工作区布局

首次使用 Deamweaver 时，首先要选择工作区，如图 4-3 所示，有两个工作区可选。对于初学者而言，适合选择“设计者”模式，使用 MDI（多文档界面）的集成工作区，其中全部“文档”窗口和面板被集成在一个更大的应用程序窗口中，并将面板组停靠在右侧。对 HTML 脚本非常熟练的程序员适合选择“代码编写者”。这种布局是同样的集成工作区，但是将面板组停靠在左侧。“文档”窗口在默认情况下显示“代码”视图。

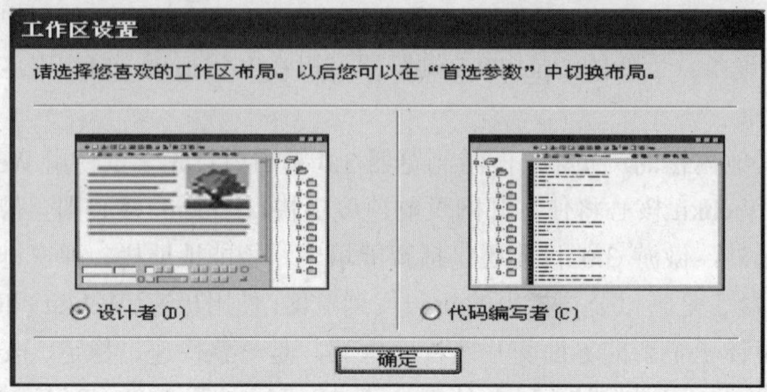

图 4-3 Deamweaver 工作区

2. 窗口和面板

新建空白 HTML 时，可以看到如图 4-4 所示窗口：

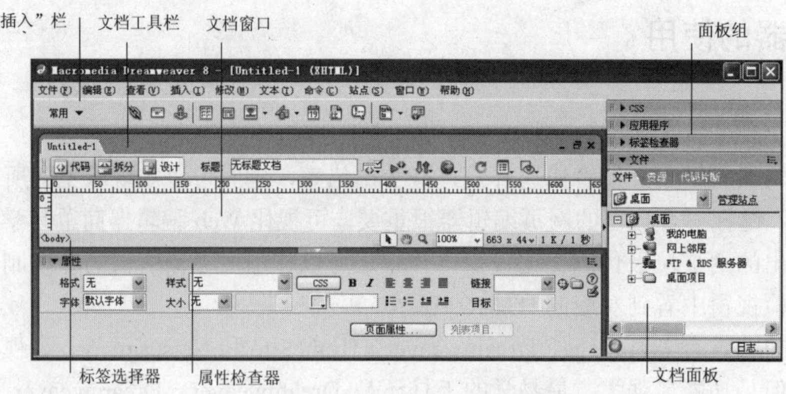

图 4-4 Dreamweaver 窗口和面板

“插入”栏包含用于将各种类型的“对象”(如图像、表格和层）插入到文档中的按钮。每个对象都是一段 HTML 代码，允许在插入它时设置不同的属性。例如，可以通过单击“插入”栏中的“表格”按钮插入一个表格。可不使用“插入”栏而使用“插入”菜单插入对象。

“文档”工具栏包含按钮和弹出式菜单，它们提供各种“文档”窗口视图（如“设计”视图和“代码”视图)、各种查看选项和一些常用操作（如在浏览器中预览)。

“文档”窗口显示当前创建和编辑的文档。

属性检查器用于查看和更改所选对象或文本的各种属性。每种对象都具有不同的属性。

面板组是分组在某个标题下面的相关面板的集合。若要展开一个面板组，请单击组名称左侧的展开箭头；若要取消停靠一个面板组，请拖动该组标题条左边缘的手柄。

“文件”面板可以管理文件和文件夹，无论它们是 Dreamweaver 站点的一部分还是在远程服务器上。通过“文件”面板还可以访问本地磁盘上的全部文件，类似于 Windows 资源管理器 (Windows) 或 Finder (Macintosh)。

Dreamweaver 提供了多种此处未说明的其他面板、检查器和窗口，例如“CSS 样式”面板和“标记检查器”。若要打开 Dreamweaver 面板、检查器和窗口，请使用“窗口”菜单。

3. 设置标题

使用设计视图，在标题中为文档添加标题，如图 4-5 所示。

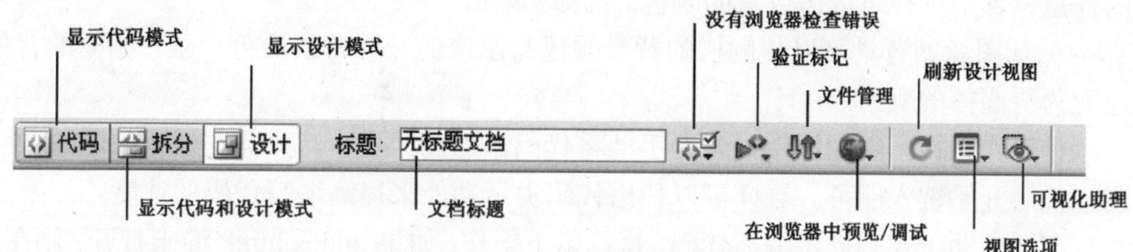

图 4-5　Dreamweaver 标题设置

4. 添加样式表

在 HTML 中设计文本的样式有多种方法。一种方法是使用层叠样式表 (CSS) 样式来定义特定的 HTML 标签以按照特定方式设置文本格式。可以从预先设计的样式表创建简单的 CSS 样式表，然后将新样式表应用于文本并修改样式。若要创建 CSS 样式表，执行在“CSS 样式”面板中的（“窗口” > “CSS 样式”），单击“附加样式表”按钮，“附加外部样式表”对话框随即出现（图 4-6）。

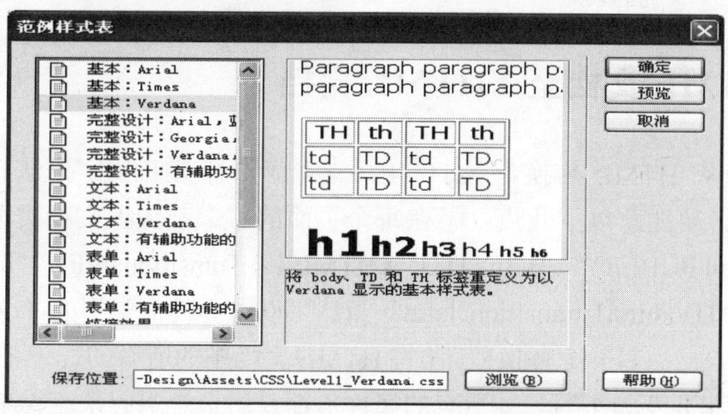

图 4-6　Dreamweave 添加样式图

5. 设置背景颜色

在 Dreamweaver 提供的预先定义的页中，侧栏的背景色设置为灰色。对于大多数站点，若想更改背景色以符合站点的颜色方案，可以设置侧栏的背景色，执行以下操作：

单击侧栏标题文本。在标签检查器（“窗口” > “标签检查器”）中，选择“相关 CSS”选项卡。在应用于当前所选内容的规则列表中，选择应用了规则 #col1 的那行。位于标签检查器中部的状态行更改为显示“在文件中：divs.css”，表明此规则已在 divs.css 文件中定义。单击“显示类别视图”按钮，然后展开“背景”类别。

显示的背景色属性名称有一条线横穿它，表明当前选择内容没有继承该属性。在默

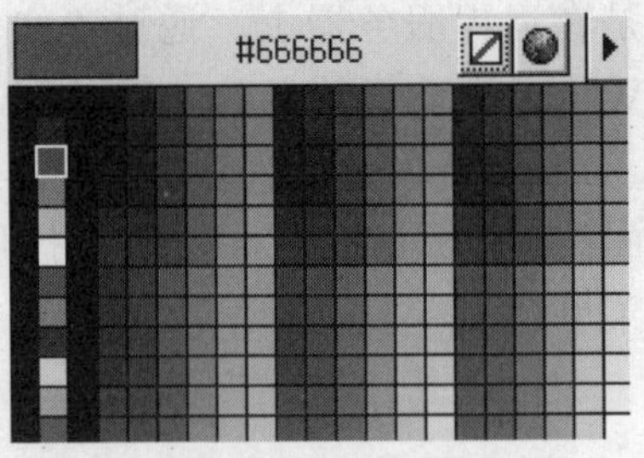

图 4-7　Dreamweaver 颜色设置

认情况下文本的背景色是透明的，从而可以透过文本显示父标签的背景色。若属性名称带有删除线，可以移动鼠标指针，让它指向该属性名称；此时出现的工具提示会显示更多信息。单击背景颜色行上右侧列中的颜色框，出现颜色选择器，鼠标指针也会变为滴管的形状，如图 4-7 所示。然后可以在颜色选择器的调色板中选择一种颜色，或单击屏幕上的任意位置来选择所单击像素的颜色。例如，单击 Trio 徽标图像的背景可以使侧栏的背景颜色与图像的一种背景颜色一致。侧栏的背景颜色变为所选择的颜色。

使用代码提示添加图像。若要手动将代码添加到网页中，只需在“代码”视图中单击，然后开始键入即可。这样可以使用代码提示功能来提高编写代码的速度。

若要借助于代码提示编写代码，执行以下操作：如果 index.html 尚未打开，则在“代码”视图中打开它。找到包含文本 Previews & More 的标题的代码。拖动光标以选定该文本后面空段落内代码中的不换行空格实体 ( )。如果该标题文本后面没有空白段落，则在结束的 h2 标签后键入下面的代码：<p></p>。然后将插入点放置在开始 <p> 标签和结束 <p> 标签之间，键入左尖括号 (<)，在插入点处出现标签列表，从列表中选择 Img 标签，然后按 Enter 键 (Windows) 或 Return 键 (Macintosh) 插入该标签。

保存代码并执行脚本。

通过以上操作可完成最基本的网页设计，保存文档并执行效果。

4.5 升级 HTML 文档至 XHTML 文档

为了将站点从 HTML 转换为 XHTML，首先应熟悉 XHTML 语法规则。把 HTML 转换为 XHTML 要注意以下几点：①在每个页面的首部都加上文档类型的说明。如：<!DOCTYPE html PUBLIC "-//W3C//DTD XHTML 1.0 Transitional//EN" "http://www.w3.org/TR/xhtml1/DTD/xhtml1-transitional.dtd">当然可以选择其他类型的。②标记和 name 都要用小写。可以自己编写一个替换程序，将 HTML 文档中的所有的标记都换为小写字母，还有 name 属性也要变为小写。③所有的属性值都要用引号引起来。④单独的标记，如：<hr>，
和 <img>都要在后面加/来结束。不建议使用诸如<img>和</img>形式的方式，直接在其后面加/就可以了，如
。⑤打开 W3C DTD 的官方网站：http://validator.w3.org/check/referer，验证时一般错误可能会出现在标记嵌套里。也可以用官方网站提供的转换工具 tidy 来实现转换：http://www.w3.org/People/Raggett/tidy/，不建议大家直接使用该工具来验证，自己转换有助于熟悉 XHTML。可以直接输入网址打开下面页面来验证程序：http://validator.w3.org/。

习题

1. 使用 XHTML 编写一个简单的表单。

　　设计一个学生信息录入的表单，如图 4-8 所示：

　　包含信息字段有：学生姓名、学生学号、身份证号、性别、所在班级、班主任姓名、联系电话、宿舍号、备注信息。

学生信息录入			
姓名		学号	
身份证号		性别	◉ 男 ○ 女
所在班级	选择班级	班主任	
联系方式		宿舍号	
备注			

提交 重置

图 4-8　学生信息录入界面

2. 使用 XHTML 编写一个框架结构的网页。

　　设计一个上方固定，左侧嵌套的框架结构的程序，如图 4-9 所示。

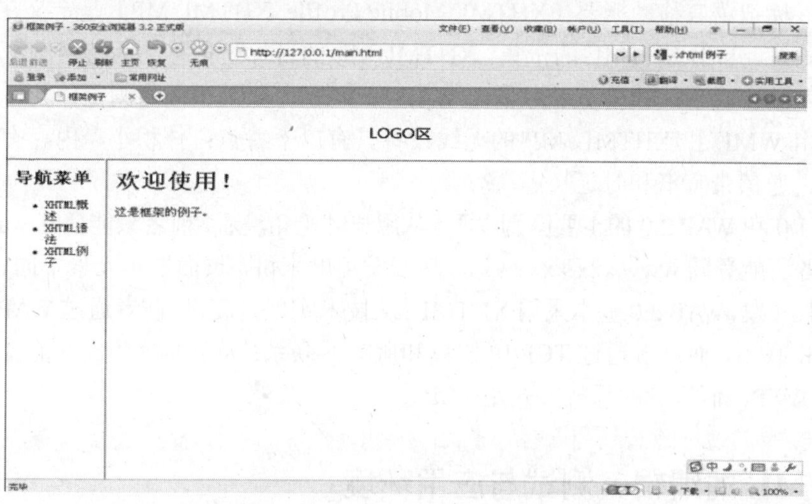

图 4-9　带导航的框架结构

3. 将现有 HTML 网页升级为 XHTML。

　　找一个基于 HTML 的网页，参照 4.5 节讲解的步骤，进行升级练习。

参考文献

［1］纳瓦罗.XHTML 实例精解.宋云霞译.北京：中国电力出版社, 2002.

［2］Terry Felke-Morris.XHTML 网页开发与设计基础（第 3 版）.陈小彬译.北京：清华大学出版社出版, 2007.

第 5 章 无线标记语言和 XHTML MP 语言基础

随着移动通信技术的发展，WAP（Wireless Application Protocol）技术成为移动终端访问无线信息服务的全球标准，旨在实现移动数据及其增值业务。WAP 1.0 版在 1998 年 5 月发布，WAP 1.1 版在 1999 年 5 月发布，WAP 2.0 在 2001 年 8 月发布。

WAP 1.0 制定了 WAP 的核心内容，即 WAP 协议、WML 以及 WMLScript 等。WAP 1.1 是 1.0 版本的改良版，是首个商业版。WAP 2.0 旨在加强 WAP 的实用性，迎合市场需求，以适应更高带宽、更快的数据传输速度、更强大接入能力和各种屏幕规格等最新的行业发展趋势。WAP 2.0 采用 XHTML MP 语言。

无线标记语言（Wireless Markup Language，WML）基于 XML，语法较 HTML 严格，用于创建在 WAP 微浏览器中显示的页面。用 WML 编写的页面称为卡片组（Decks）。卡片组作为一套卡片（Card）构造，用于显示各种文字和图像等数据。

可扩展标记语言移动概要（XHTML Mobile Profile, XHTML MP）是定义在 WAP 2.0 上的标记语言，基于 XHTML 的子集。XHTML MP 的目标是把移动因特网浏览和万维网浏览的技术结合起来，让浏览者尽量在 WAP 和 Web 上获得相似的浏览体验。与计算机相比，使用 WML 和 XHTML MP 的无线设备具有以下特点：体积小、内存有限、CPU 性能有限、通信带宽窄和时延长等。

WAP 1.0 和 WAP 2.0 的主要区别在于：从用户体验角度看，前者只能登陆 wap.xxx.xxx 网站，后者还能登陆 www.xxx.xxx 网站；从开发角度来讲，页面展示元素不同，WAP 1.0 采用 WML 开发，WAP 2.0 基本采用 XHTML；从技术实现角度讲，前者通过 WAP GateWay 和服务器相联系，而后者通过 TCP/IP 协议和服务器联系；从架构角度讲，前者的应用承载方式是 WTP，而后者的承载方式是 TCP。

5.1 WML 的编辑、测试与应用环境

5.1.1 WML 网页编辑

使用 WML 语言编写 WAP 网页或应用时，需要使用编辑器进行编辑。编写 WML 程序可以使用纯文本编辑器，如 NotePad 等，还可以使用 Nokia WAP Toolkit，Nokia WML Studio 和 Dreamweaver 等编辑器。WML 页面文件的扩展名是*.WML。

5.1.2 WAP 网关及其配置

WAP 实现手机上网，是由移动终端、移动网络（由基站和交换机组成）、WAP 网关

服务器和网络内容供应商（ICP）、网络服务供应商（ISP）之间协调完成。WAP 网络结构与内容传输过程如图 5-1 所示：

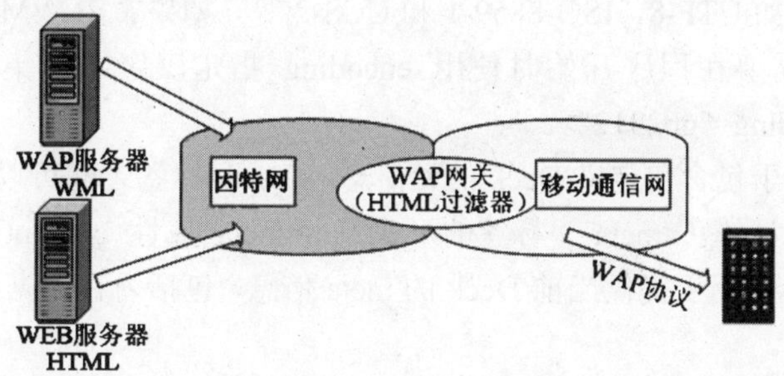

图 5-1　WAP 网络结构与内容传输过程

配置 Apache Web 服务器。无论基于哪种操作系统，都需要修改 Apache 安装目录下的 conf/的类型配置文件即 mime.types，在该文件中增加以下内容：

```
text/vnd.wap.wml .wml
image/vnd.wap.wbmp .wbmp
application/vnd.wap.wmlc .wmlc
text/vnd.wap.wmls .wmls
application/vnd.wap.wmlsc .wmlsc
```

存盘，并重新启动 Apache Web 服务器，即可生效。

测试 WML 程序运行效果的直接工具是 WAP 手机，这需要 WAP 服务供应商支持，还需要用户付浏量费。而最方便的方法则是可从网上下载微浏览器，如 Opera 等。

5.1.3　WML 程序结构

WML 程序的基本结构如下：

```
<?xml version="1.0"?>
<!DOCTYPE wml PUBLIC "-//WAPFORUM//DTD WML 1.1//EN"
"http://www.wapforum.org/DTD/wml_1.1.xml">
<wml>
    <head>
        <access/>
        <meta..../>
    </head>
    <card>Some contents...</card>
<wml>
```

其中，WML 程序由一系列 Deck 组成，每个 Deck 开头必须进行 XML 声明和文档类型（DOCTYPE）的声明：

```
<?xml version="1.0"?>
<!DOCTYPE wml PUBLIC "-//WAPFORUM//DTD WML 1.1//EN"
"http://www.wapforum.org/DTD/wml_1.1.xml">
```

<xml>标签用于包含和定义 WML 的 Deck。其可选属性 xml:lang 用来制定文档语言，如<wml xml:lang="zh">表示文档语言为中文。WML 使用 XML 字符集，同时也支持其他系列字符集子集，如 UTF-8，ISO-8859-1 和 UCS-2 等。如果希望 WML 程序执行时能够显示汉字，则只需要在程序开始时使用 encoding 指定汉字字符集即可，如：<?xml version="1.0" encoding="gb2312">。

<head>标签用于包含和定义 Deck 的元信息。<head>标签之间可以包含一个<access>标签和多个<meta>标签。<meta...>标签的形式是：<meta 属性 content="值" scheme"格式 "forua="true|false"/>，用于提供当前 Deck 的 meta 信息，包括内存数据处理方式以及数据传输和处理方式等。

<access/>标签的一般形式是：<access domain="域" path="/路径"/>，用于指定当前 Deck 的访问控制信息，有两个可选的属性：domain 用来指定域，默认值为当前域，path 用来指定路径，默认值为"/"，即根目录。由于<access>单独使用，所以要用"/"结尾。

<card>标签，Deck 组可以包含多个 Card，每个 Card 的内容可能显示多屏。Card 使用<card>和</card>进行定义，<card>同时可以包含多个可选属性。

5.2 WML 语言基础

5.2.1 WML 字符的基本规则

WML 继承于 XML，因此语法严格，字符使用必须遵守如下规则：

WML 是 XML 的应用，无论是标签元素还是属性内容，都对大小写敏感。如<wml>与<WML>不同，且标签必须正确关闭。WML 的所有标签、属性、规定和枚举及其可接受值必须小写。Card 的名字和变量可大写可小写，但它是区分大小写的。参数名字和参数数值都对大小写敏感。

空格，属性名、符号（=）和值之间不能有空格。

标签内属性的值必须使用双引号（"）或单引号（'）括起来。独立标签必须在大于号（>）前加上顺斜杠（/），如换行标签必须写成
。

不显示的内容，主要包括换行符、回车符、空格和水平制表符。程序执行时，将忽视一个以上的不显示字符，即把多个连续的换行、回车、水平制表符及空格转换成空格。

保留字符，特殊字符如小于号（<）、大于号（>）、单引号（'）、双引号（"）、和号（&）要替换，原则与 HTML 的一样。

5.2.2 卡片、卡片组及其属性

WML 页面称为卡片组（Decks），卡片组包含一系列卡片。卡片可包含文本、标记、链接、输入字段、task 和图像等。卡片之间通过链接彼此联系。当从移动电话访问 WML 页面时，所有卡片都会从 WAP 服务器下载下来。

1. 元素

元素是卡片的重要成分，要符合 DTD（文档类型定义），元素名不区分大小写。

标签指示元素的起始与结束。所有标签都具有相同的格式：以小于号"<"开头，以大

于号“>”结尾。有两种形式：<首标签>内容</尾标签>或<标签/>（独立标签，不包含内容的元素称为空元素）。

元素的语法格式：<wml xml:lang="lang"> content </wml>

元素用于定义一个卡片组，并通过<wml>与</wml>标签包含和封装该卡片组中的所有卡片及信息。其中 xml:lang="lang"用于指定文档所用语言。

wml 元素包含的内容除了文本、图像等信息（WML 严格限制表格和图像的使用）之外，还包含 head，template 及 card 元素。如果包含 head，template 元素，则只可包含一次，而 card 元素至少包含一次。

wml 元素的公共属性有 3 个：id，class 和 xml:lang。

标识（id）和类（class）主要用于服务器方的信息传输。id 属性用于定义元素在卡片组中的唯一标识，即名称；class 属性用于给当前元素定义一个或多个类（class）。类（class）有名字，多个元素可以使用一个类（class）名。具有相同类名的单一卡片组中的所有元素均可被看作相同类的一个部分，类名是区分大小写的。

元素可具有“xml:lang”属性。该属性用于指定当前元素及其属性所用的描述语言，并为用户浏览器选择显示文本的语言提供依据。

2. 文件头

合法的 WML 卡片必须包含 WML 的声明及文件类型的声明。典型的文件头包括以下两行程序，放在程序的开始处：

```
<?xml version="1.0"?>
<!DOCTYPE wml PUBLIC "-//WAPFORUM//DTD WML 1.1//EN"
"http://www.wapforum.org/DTD/wml_1.1.xml">
```

其中，"-//WAPFORUM//DTD WML 1.1//EN"是标准通用标记语言 SGML 的公共标识。"http://www.wapforum.org/DTD/wml_1.1.xml"是 WML 文档类型标识，文档类型标识也可以是"text/vnd.wap.wml"或"application/vnd.wap.wml"，前者制定 WML 原文类型，后者指定 WML 程序编译后代码类型。

3. meta 元素

meta 元素用于定义 Card 的通用 meta 信息，其语法格式如下：

```
<meta name="name"|http-equiv="name" content="value" forua="true|false" scheme="format"/>
```

其中，name 和 http-equiv 属性只能选一；content 属性是必选的，其值根据属性而定；scheme 属性目前尚不支持；forua 属性为可选属性。

content 属性用于指定 meta 信息的性质的值，是不必选的。

name 属性用于指定 meta 信息性质的名称。用户浏览器通常忽略已经命名 meta 数据，网络服务企业拒绝发送包含该属性所指定 meta 数据名称的内容。

http-equiv 属性用于替代 name 属性，可将 meta 数据转为 WSP 或 HTTP 协议的响应头。

forua 属性用于指定给浏览器传值。它有 ture 和 fales 两个取值，如果取 false，则卡片组在发送往客户端以前必须用中间代理去除 meta 元素信息，这是因为传输的协议可能改变；若取值为 true，则 meta 数据必须如实送往用户的浏览器。在默认状态下，该属性的值为 false。

scheme 属性用于指定解释 meta 信息性质值的形式或结构，具体的形式或结构因 meta 数据的类型不同而不同。

4. access 元素

access 元素由单独标签<access>实现，用于定义 WML 整个卡片组的操作权限，即访问控制参数。access 元素必须在 head 元素内和其他的 meta 信息一起声明，而且每个卡片组只能有一个 access 元素。其语法格式如下：

```
<head>
<access domain="domain" path="path">
...</head>
```

domain 指定对卡片组进行操作的 URL 域，默认域是当前卡片组所在的域。domain 的目的是限制访问，用户浏览时浏览器将根据 domain 值所规定的值来得出与值匹配的地址，并访问该地址对应的卡片或事件。

path 指定卡片组操作的其他卡片组所在的根目录。默认目录是"/"，即当前卡片组所在的根目录。默认目录的规定使得所有在 domain 域下的卡片组都可以操作当前卡片组。path 的值是访问时需要匹配的路径，其工作原理与 domain 十分相似，需要与路径的每个子路径相匹配，否则均属无效。

5. template 元素

template 元素用于为当前卡片组中的所有卡片定义一个模板，统一规定卡片的某些参数。模版中的事件处理功能则可将这些参数自动应用于同一卡片组中的所有卡片，不过其中某个或某几个卡片也可不采用模板规定的形式，方法是在该卡片中定义一个同名的事件来替代模板块中相应的事件。template 元素通过<template>和</template>标签含所需内容（content）而实现模板功能的，其语法格式如下：

```
<template oneterforward="href" onenterbackwared="href" ontimer="href"> content
</template>
```

template 元素包含的内容除了卡片的一般参数外，还有多次 do 元素和 onevent 元素。

oneterforward 指当用户在浏览器中进入当前卡片时，该属性将指定超链接（href）的 URL 地址，浏览器将据此打开 URL 指定的卡片或事件。

oneterbackward 属性可以指定其相应卡片或事件的 URL 地址。如果用户浏览时执行 prev 任务，那么浏览器就会定位到该属性所指定超链接（href）的 URL 地址，并打开 URL 指定的卡片或事件。

ontimer 属性，当指定时间 timer 过期时，用户浏览器就根据 ontimer 属性指定的 URL 打开相应卡片。

6. card 元素

每个卡片都包含有一套用户和浏览器交互操作的配置及模式，通过<card>和</card>标签定义各种属性、包含内容。它的语法格式如下：

```
<card id="name" title="label" newcontext="boolean" ordered="true"
```

onenterforward="href" onenterbackward="href" ontimer="href"> content </card>

card 元素中包含的内容（content）除了文本、图像信息之外，还可以有 onevent，timer，do 和 p 元素。其中，timer 元素只可使用一次，其余 3 种可使用多次。如果 card 元素包含 onevent 元素或 timer 元素，那么 onevent 元素必须放在最前面，timer 元素放在 onevent 元素的后面，随后才可以使用 do 或 p 元素。

card 元素属性的功能及用法介绍如下：

id 用于指定 card 的名字。该名字是程序导航定位的依据，可以用作程序段锚点，比如<go href="#cardname"/>。其中的 cardname 便是由 id 指定的卡片名。

title 用于为卡片制订一个简单的标题或说明信息。

newcontext 用于指定 WAP 手机浏览在用户重新进入时，是否需要初始化卡片的所有内容。有 true 和 false 两种选择：为 ture 时，卡片所有内容在用户重新进入时将进行初始化，也不清除历史纪录；否则将不进行初始化设置，也不清除历史纪录，默认设置为 false。另外，newcontext 仅当作为 go 任务的一部分时才可被执行。

ordered 用于向浏览器指明卡片内容的组织形式，以便让浏览器根据自身特点及卡片内容组织及时安排显示布局。它有两种布尔值的设置，即 true 和 false。当为 true 时，浏览器将按照线性顺序显示卡片各区域的内容。这个线性顺序通常是大多数用户所习惯采用的信息浏览顺序。当为 false 时，浏览器将根据用户选择或指定的顺序来显示内容。

onenterforward 事件仅当用户使用 go 任务或类似于 go 的任务时才可发生，即如果用户执行 go 任务，则浏览器就会定位<go>标签中超链接(href)URL 指定的卡片。card 元素中的 onenterforward 属性是 onevent 元素的一个简单格式，用于直接指定 onenterforward 事件的 URL 地址。

onenterbackward 指定其响应事件的 URL 地址。如果用户浏览时执行 prev 任务，那么浏览器就会定位到该属性所指定超链接的 URL 地址，并打开 URL 指定的卡片。onenterbackward 属性也属于 onevent 元素的一个简单格式。

当指定时间 timer 过期时，用户浏览器就根据 ontimer 属性指定的 URL 打开相应的卡片。ontimer 也属于 onevent 元素的一个简单格式。

5.2.3 文本格式化及其元素

为了使显示的文本呈现出丰富样式，WML 提供了一些用于格式化的元素。通过这些元素及其相应的标签可以对文本进行标注和控制，从而实现不同的显示效果。

格式化元素。格式化元素都是一些成对的标签，用于指定文本的格式显示信息。格式化元素包括<b>，<big>，<em>，<i>，<small>，<strong>和<u>等。如 b 元素通过<b></b>标签可以控制其中的文本按照粗体字进行显示。

换行元素。换行元素使用单独的
标签定义。br 元素的作用相当于插入一个回车符。

段落元素。段落元素用于划分段落，在当前文本换行并插入一个空白行。使用单独的<p/>标签或<p>和</p>标签对进行定义。其语法格式为：

<p aligh="alignment" mode="wrapmode"/>；

或<p aligh="alignment" mode="wrapmode"/>文本</p>。

其中，align 用于设置段落在浏览器中的对齐方式，有 left，center 和 righ 3 种取值，默认值为 left。Mode 用于指定下一段落的换行方式。

表格元素。表格按照行、列进行组织，一个表格由若干行组成，每行由若干列组成。有 3 种元素：

td 元素用于规定表格单元格的内容。其语法格式是：<td> 单元格内容 </td>。

tr 元素用于定义表格的行。其语法格式是：<tr> 单元格内容 </tr>。

table 元素与 tr 元素、td 元素一起用来创建能容纳文本和图像的表格，并可设置表格各列中文本和图像的对齐方式。其语法格式如下：

```
<table align="alignment" title="label" columns="n">
或 <table align="alignment" title="label" columns="n">内容</table>
```

其中，align 用于指定表的各个列中文本和图像的对齐方式，title 用于指定 table 元素的标题，columns 用于指定表格的列数。

5.2.4 链接和图像

与定位和定时控制有关的 3 类元素包括 anchor，a，img，timer 等。使用它们可以在 WML 卡片中创建超链接，或在文本流中显示一幅图像，或设置定时器来控制用户操作及卡片显示等。

anchor 元素。anchor 元素用于创建链接的头部，链接的其余部分为用户指定的 URL。当程序运行中用户选中该链接时，浏览器就会被引入到卡片或卡片组的链接地址。

anchor 元素的语法格式如下：<anchor title="label"> 任务 </anchor>

anchor 元素所包含的超链接必须是真实存在的，而且是能够正确连接的超链接。anchor 元素定位链接时，必须通过相关的任务元素完成定位处理，如 go 元素、prev 元素、refresh 元素等。在 anchor 元素中只能包含一个定位任务，否则会导致 WML 运行错误。

anchor 元素只有一个属性，即 title 属性，用于定义标题，以便提示用户操作。这实际上是元素的链接标题。

在本例中，当用户选择“Next page”，其任务是“前往 test.wml”：

```
<card title="Anchor Tag">
    <p>
        <anchor>Next page
            <go href="test.wml"/>
        </anchor>
    </p>
</card>
```

a 元素。a 元素是由 anchor 元素的简化形式，它内含了 anchor 元素需要包含的 go 元素功能，完成超链接定位，并且不再包含其他任何变量设置。使用<a>和</a>标签进行定义。

下面例子与 <anchor> 标签的例子作用相同：

```
<card title="A Tag">
    <p>
```

```
        <a href="test.wml">Next page</a>
    </p>
</card>
```

img 元素。img 元素用于在格式化文本中放置和显示一幅图像。img 元素由单独的<img/>标签进行定义，它不包含其他元素。其语法格式如下：

```
<img alt="text" src="url" localsrc="icon" aligh="alignment" height="n" width="n"
vspace="n" hspace="n"/>
```

属性中 alt 和 src 是必须的，其他的可选。

注意：*img 元素要放在 p 元素里，而不能放在 do 或 option 元素里。*

img 元素的各个属性的功能和用法介绍如下：alt 用来指定当手机不支持图像显示时用来替代图像的文字文本。src 用于指定图像文件的 URL 地址。localscr 用来指定显示存在手机 ROM 的图标文件。align 用来指定图像显示时相对当前文本行的对齐方式。height 设定图像显示时的高度。width 与 height 属性类似，用于设定图像显示时的宽度或宽度百分比。vspace 用于指定图像显示时的上边距和下边距，默认值为 0。hspace 与 vspace 属性类似，该属性用于指定图像显示时的左边距和右边距。示例：

```
<card title="Image">
    <p>
        This is an image<img src="stickman.wbmp" alt="stickman" />in a paragraph
    </p>
</card>
```

5.2.5 用户输入元素

通过 WAP 手机按键，用户可以向浏览器显示的卡片中输入信息或操作。

1. input 元素

input 元素是 WML 编程中处理用户交互活动的重要元素。input 元素用于定义文本实体对象，包含有对输入文本内容的格式、数据类型、长度、值、变量名等多种属性的具体规定。当用户输入满足 input 元素的规定时，则接收输入信息，并赋给指定的变量，以便进行相应操作或处理；否则，就通过浏览器给出具体的处理意见，如刷新卡片以让用户重新输入或给用户指出输入错误所在并等待进一步的处理指令等。

通过单独的<input/>标签进行定义，其语法格式如下：

```
<input name="variable" title="label" type="type" value="value" default="default"
format="specifier" emptyok="false|true" size="n" maxlength="n" tabindex="n"/>
```

其中，只有 name 属性是必选的，其他属性都是可选的。

name 用于指定用来保存用户输入文本的变量和名称。定义 name 属性后 WML 将根据该属性也即变量名，为即将输入的文本实体对象分配存储空间，以便接收用户输入。

title 用于 input 元素的标签，通常是位于输入框前的提示信息。

type 用于指定文本输入区的类型，有 text 和 password 两种选择。默认值为 text，指定的用户可以输入文本，而且输入的文本会同时逐渐响应并显示在浏览器中。如果选择 password，则指定用户输入的文本作为密码文本处理，WML 程序按文本实体接收输入数据，浏览器上响应用户输入显示时均为星号(*)，起到保密作用。

value 用于指定 name 属性所定义变量的值，它将显示在输入框中。

default 用于指定 name 属性所定义变量的默认值。

format 用于格式化输入的数据。

maxlength 用于指定用户可输入字符串的最大长度。该属性的上限为 256 个字符。

emptyok 用于指定用户是否可以不在输入框内输入内容。

size 用于指定输入框的宽度，宽度值为字符个数。

tabindex 用于指定多个输入框存在时，类似于 HTML 中 Tab 键的具体位置。

制作允许用可输入信息的 WML 卡片，如下所示：

```
<card title="Input">
    <p>
        Name: <input name="Name" size="15"/><br/>
        Age: <input name="Age" size="15" format="*N"/><br/>
        Sex: <input name="Sex" size="15"/>
    </p>
</card>
```

2. select 元素

选择列表属于输入元素，允许用户从选项列表中选择需要的项目。WML 不仅支持单选列表、单选项，而且支持多选列表（即复选项）。select 元素允许用户从选项列表中选择所需的项目。列表中的选项采用 option 元素（见后）来定义，一般是一行格式化的文本。编程时，可以使用 optgroup 元素将 option 元素的情况项目分成不同级别或层次的选项组，为用户选择提供方便。

select 元素是通过<select>和</select>标签进行定义的，语法格式如下：

<select title="label" multiple="false|true" name="variable" default="default" iname="index_var" ivalue="default" tabindex="n"> 内容（content）</select>

其中，所有属性都是可选的。

select 元素各个属性的功能和用法介绍如下：multiple 用于指定选择列表是否可以使用复选框。name 用于指定接收选项值的变量的名称，变量值由 value 属性预设定。value 用于指定 name 属性所定义变量的默认值。iname 用于指定包含排序号的变量的名称。ivalue 用于指定选择列表中被选中选项的值，是一个具有排序号性质的值。title 用于指定选择列表的标题。tabindex 用于指定当前选择光标在选择列表中的具体位置，该位置即为当前选择操作将要选择的选项所在的位置。示例：

```
<card title="Selectable List 1">
    <p>
        <select>
            <option value="htm">HTML Tutorial</option>
            <option value="xml">XML Tutorial</option>
            <option value="wap">WAP Tutorial</option>
```

```
    </select>
  </p>
</card>
```

3. option 元素

option 元素用于定义 select 元素中的一组单选项，它通过<option>和</option>标签进行定义，并可包括事件和单选项的显示文本等信息，其语法格式如下：

```
<option title="label" value="value" onpick="href">content </option>
```

option 元素的属性均为可选，各属性功能及用法说明如下：value 用于设置键值。当用户选到该选项之后，option 元素就会将该值赋给 select 元素的 name 属性所指定的变量。title 用于为 option 元素指定标题，以便提示用户操作。onpick 用于指定用户选到该项并按 accept 键后所打开卡片组的链接。一个示例：

```
<card title="Selectable List 2">
  <p>
    <select multiple="true">
      <option value="htm">HTML Tutorial</option>
      <option value="xml">XML Tutorial</option>
      <option value="wap">WAP Tutorial</option>
    </select>
  </p>
</card>
```

4. fieldset 元素

fieldset 元素用于设定输入框和相应的说明文本，从而用户就可以利用 input 元素等借助该输入框输入所需的数据信息。fieldset 元素的语法格式如下：

```
<fieldset title="label"> content </fieldset>
```

由于 fieldset 元素和输入有关，所以其内容中可包含与输入有关的其他元素。根据语法格式，fieldset 元素只有一个属性 title，用于定义 fieldset 元素的标题，以便提示用户操作。示例：

```
<card title="Fieldset">
  <p>
    <fieldset title="CD Info">
      Title: <input name="title" type="text"/><br/>
      Prize: <input name="prize" type="text"/>
    </fieldset>
  </p>
</card>
```

5.2.6 事件

WML 事件分为两类：一类是键盘输入事件，用<do>标签来处理；另一类是页面内部事件，用<onevent>标签来处理。

do 元素提供了通用的事件处理机制，以便用户参与当前卡片的事件处理。通过<do>和</do>标签将用户交互和某一个任务联系起来。用户交互基于用户按下功能键或选择菜单项。当用户激活这些交互功能时，浏览器就会执行与 do 元素相关的任务。其语法格式如下：

<do type="type" label="label" name="name" optional="boolean">task</do>

其中，tast 是与 do 元素关联的动作，也是条件激活时浏览器即将执行的内容。在 do 元素中，用户必须绑定并且只能绑定 go，prev，noop 和 refresh 4 种元素所实现任务中的一个任务（task）。go 元素用于定位 URL 地址，prev 元素用于定位并打开前个操作或任务，noop 为空操作，refresh 用于刷新当前卡片组或任务。

<do>的属性中，type 是必选的，其他为可选。

type 属性取值及其指定触发的事件如下：accept，调用 ACCEPT 按钮机制；delete，调用 DELETE 按钮机制；help，调用 HELP 按钮机制；options，调用选择按钮机制；prev，调用 PREV 按钮机制。

abel 属性，指定软按钮在屏幕上的显示文本。目前，type 属性为 delete，help，prev 时无效。

name 属性，为<do>取个名字，同一 card 里的<do>不能重名。如果 card 级的<do>和 DECK 级的<do>同名，则覆盖 DECK 级的<do>。

optional 属性，指定手机是不是可以忽略这个事件，默认值是 false。

<onevent> 标签包含了当下列事件发生时所执行的代码：onenterbackward，onenterforward，onpick，ontimer。

<onevent>的语法如下：<onevent type="type">任务</onevent>

必选属性 type 的取值如下：

onpick，用户选择或不选一个<option>项时；onenterforward，用户使用<go>任务到达一个 card 时；onenterbackward，用户使用<prev>任务返回到前面的 card 时，或者按 BACK 按钮时；Ontimer，当<timer>过期时。

5.2.7 定时器元素

<timer/>用于指定在用户不进行任何操作的一段时间后，自动执行一个任务。任何激活 Card 的任务和用户操作都会启动<timer/>。任务进行时<timer/>就停止。每个 Card 只能有一个<timer/>，每个<timer/>只能触发一个任务。

语法：<timer name="variable" value="value"/>

其中，value 属性是必选的，name 属性为可选。name 属性用于指定表示时间值的变量名，该变量的取值由定时器的时间值决定。时间值减小，该变量的值也相应地减小，并终始保持不变。value 属性用于指定 name 属性所定义变量的初始值。如果 namc 属性定义的变量在定时器初始化时还没有值，该变量就将采用 value 属性指定的值；否则改变量就会忽视 value 属性的值。如果没有定义 name 属性，就没有指定时间变量，那么 timer 元素指定的定时器仍将采用 value 属性的值进行延时处理。name 为可选属性，指定为一个变量名，当退出该 Card 时，该变量存储此时定时器的值，当定时器超时时，手机将该变量设为 0；value 为必选属性，用来设置定时器的定时值，最小单位为 0.1 秒。

timer 元素用于设定一个定时器，可以延时显示卡片组、卡片，或实现 WML 程序的等待操作，或在卡片组和卡片之间实现切换以取得动画效果。

一个卡片只能使用一次 timer 元素，即只能设置一个定时器。当用户进入还有定时器的卡片时，定时器就会开始工作，其时间值就会逐渐减小。timer 元素指定的时间值单位为 1/10 秒。

下面的例子将用 3 秒来显示一条消息，然后切换到文件 "test.wml"：

```
<card ontimer="test.wml">
    <timer value="30"/>
    <p>Some Message</p>
</card>
```

5.2.8 任务及其元素

WML 允许在程序中指定一些任务(task)。任务定义事件发生时所执行的动作。当某些特定的事件激活时，即可执行这些任务，以完成操作。

WML 提供了 4 种任务元素，即 go，prev，noop 和 refresh，用于响应 do 元素和 onevent 元素中指定的事件。

1. go 任务

<go>用来定义浏览器要导航的 URL 地址，表示切换到新卡片的动作。如果该地址是 WML 卡片或卡片组的名字，则浏览器就会打开并显示相应的卡片、卡片组；否则，浏览器就会执行该 URL 指定的任务或事件等。在堆栈中，go 任务执行推进（push）操作，即在执行时，浏览器浏览的 URL 地址将送入历史纪录列表中，以便重用。

go 任务的语法格式如下：

```
<go href="href" sendreferer="false|true" method="get|post" accept-charset="charset">
context <go/>
```

其中，href 用于指定目标 URL 地址以及让浏览器显示的卡片地址等。该属性是必选的，其他属性为可选。

sendreferer 用于指定是否传递调用 href 所指定的 URL 的卡片的 URL，也是当前页的 URL，即 HTTP 头中 HTTP_REFERER。有两种选择：true 或 false。其中，默认值为 false。

method 属性用于指定表单是以 get 方式还是 post 方式递交，以便通用网关接口 CGI 处理，默认值为 get。

当 Web 服务器处理来自浏览器的输入信息时，accept-charset 属性可指定服务器进行数据编码时必须采用的字符集，即该属性以指定的字符集替代 HTTP 头里指定的字符集，以便作为服务器选用字符集的标准。

go 元素中可以包含任意次 setvar 元素或 postfield 元素。postfield 元素前面已有介绍，setvar 元素也已经作了介绍。

```
<anchor>
  Go To Test
  <go href="test.wml"/>
</anchor>
```

实例表示切换到一个新卡片的动作。

2. prev 任务

prev 任务是由 prev 元素实现的。<prev>任务表示将浏览器导航至历史堆栈中的前一个 URL 地址。在浏览器操作的历史堆栈中，prev 任务执行的是取出操作，将前一个 URL 地址取出，并把当前 URL 地址推进历史堆栈。如果历史堆栈中没有前一个 URL 地址，则 prev 元素不执行任何任务。

prev 任务的语法格式为：<prev/>，或<prev> content </prev>

在后一语法格式中，prev 元素包含的内容里面一般是 setvar 元素。

```
<card>
    <p>
        <anchor>
            Previous Page
            <prev/>
        </anchor>
    </p>
</card>
```

上述实例表示后退到上次动作。

3. refresh 任务

refresh 任务由 refresh 元素声明，它用于刷新当前的卡片，对卡片内指定的变量进行更新。如果变量显示在屏幕上，任务也会刷新屏幕。

语法格式为：

<refresh> context </refresh>

其中，在包含的内容中若有 setvar 元素，则格式为<setvar name="name" value="value"/>，它可指定更新的变量名 name，即更新的变量值 value。若不包含 setvar 元素，就通过时间限制（timer 元素）对卡片进行刷新。

```
<card>
    <p>
  <anchor>
  Refresh this page
  <go href="thispage.wml"/>
  <refresh>
    <setvar name="x" value="30"/>
  </refresh>
  </anchor>
    </p>
</card>
```

上面的例子使用 <anchor> 标签向卡片添加了一个“Refresh this page”链接。当用户点击该链接时，会刷新页面，同时变量 x 的值将被设置为 30。

4. noop 任务

noop 任务由 noop 元素进行声明，表示空操作，即什么也不做。此标签用于覆盖卡片组级别的元素。该元素是单独标签，没有属性，其语法格式是：<noop/>

下面程序中包含了 noop 元素，实现空任务操作：

```
<card id="card1">
    <do type="options" name="dome">
        <noop/>
    </do>
...
</card>
```

下面例子使用<do>标签向卡片添加“Back”链接。当用户点击该链接时，就应该返回到前面的卡片，而<noop>标签阻止了这个操作；当用户点击“Back”时，就不会返回：

```
<card>
    <p>
        <do name="back" type="prev" label="Back">
            <noop/>
        </do>
    </p>
</card>
```

5.2.9 变量及其设置

变量在使用前必须定义，变量一旦在某个 Card 上定义，其他 Card 就可直接调用。其定义的语法格式为：

$identifier 或$(identifier)或$(identifier:conversion)

其中，identifier 指变量名，conversion 指变量的替代。变量名是由 US-ACSII 码、下划线和数字组成的，并且只能以 US-ACSII 码开头。变量名对大小写敏感。定义变量的语法在 WML 中享有最高的解释优先级。

有关变量的使用说明如下：在 WML 中，变量可以在字符串中使用，并且在运行中可以更新变量值。当变量等同于空字符串时，变量将处于未设置状态，也就是空（Null）。当变量不等同于空字符串时，变量将处于设置状态，也就是非空（Not Null）状态。在“$identifier”形式下，WML 通常以变量名后面的一个空格表示该变量名的结束。

如果在某些情况下空格无法表示一个变量名的结束，或者变量名中包含有空格，则必须使用括号将变量名括起来，即采用“$(identifier)”的形式。

WML 程序中的变量是可以替代的，可以把变量的数值赋给 Card 中的某一文本。有关变量替代说明如下：在 WML 程序中，只有文本部分才可以实现替代，替代一般在运行期发生，而且替代不会影响变量现在的值。任何标签是按照字符串替代的方式实现的。替代是按照字符串替代的方式实现的。

由于变量在语法中有最好的优先级，包含变量声明字符的字符串将被当作变量对待，所以如果要使程序显示“$”符号，则需要连续使用两个“$”进行说明。如：

```
<p> Your acconut has $$15.00 in it </p>
```

其显示结果为：Your account has $15.00 in it

几乎所有的 WML 内容都可通过设置参数来实现，这为灵活开发 WML 程序提供了方便。本节先介绍一个变量设置元素，然后介绍与变量设置有关的一些具体规定。

setvar 元素用于指定在当前上下文内容中的变量的值，从侧面影响正在运行的任务。其语法格式是：

```
<setvar name="name" value="value"/>。
```

它有两个属性：name 和 value。前者用于指定变量名称，后者用于指定赋予变量的值。这两个属性是必选的。如果 name 属性所规定的变量名不合法或不符合运行环境要求，那么 setvar 元素在 WML 程序运行中将被忽视，不能发挥应有作用。

在 WML 编程中可以使用变量，但在使用前必须予以定义。变量的命名原则及定义方法如前所述，这里主要介绍 WML 程序中设置变量的规定。利用 setvar 元素设置变量，设置时 setvar 元素需要在 go，prev 或 refresh 元素中预定义。利用 input 和 select 元素设置变量，其语法格式及其应用将在后面介绍。

在 WAP 开发工具中，通常提供有对变量进行管理和维护的选项卡或对话框，开发人员从中也可以对相应的变量进行设置及编辑。在当前上下文内容中，可以使用 Card 元素的 newcontext 属性来消除所有变量值。

下面例子创建名为 schoolname 的变量：

```
<card id="card1">
    <select name="schoolname">
        <option value="HTML">HTML Tutorial</option>
    <option value="XML">XML Tutorial</option>
    </select>
</card>
```

使用上例中创建的变量：

```
<card id="card2">
    <p>You selected: $(schoolname)</p>
</card>
```

5.3 XHTML MP 简介

XHTML MP 是定义在 WAP 2.0 上的标记语言，是 XHTML 的子集。在 XHTML MP 出现之前，WAP 网站只能用 WML 和 WML script 来创建。XHTML MP 旨在使浏览者在 WAP 和 Web 上尽量获得相似体验。

5.3.1 XHTML MP 的语法规则

XHTML 是更严格和简洁的 HTML 版本。XHTML MP 是 XHTML 的子集，继承了 XHTML 的语法。XHTML MP 的语法规则如下：

①标签必须正确闭合。如<p>XHTML MP 教程</p>，不含内容的标签形式是
。

②标签和属性都必须是用小写，如：<p id="p1">XHTML MP tutorial paragraph 1</p>。

③属性的值必须放置在双引号内，如<p id="p1">XHTML MP tutorial paragraph 1</p>。

④不支持属性简写。不能是：

<input type="checkbox" checked />

而是：<input type="checkbox" checked="checked" />

⑤标签嵌套必须正确，不支持标签重叠。不能是：<p><b>XHTML MP tutorial paragraph 1</p></b>；而是：<p><b>XHTML MP tutorial paragraph 1</b></p>。

5.3.2　MIME 类型和文件扩展名

XHTML MP 支持 3 种 MIME 类型，它们分别是 application/vnd.wap.xhtml+xml，application/xhtml+xml 和 text/html。其中，第一种类型是一些 WAP 浏览器所需要的（如某些诺基亚 S60 浏览器），以便正确显示 XHTML MP 文档。第二种是 XHTML 系列文档的类型。第三种是 HTML 文档的类型。

静态 XHTML MP 文档的典型扩展名包括：.xhtml，.html 和.htm。当然，也可以使用其他扩展名，只要在 WAP 服务配置文件里面设置清楚就行。如果要使用服务器端技术（如 JSP，PHP，ASP 等），就必须使用相应的扩展名，如 PHP 使用.php，SSI 使用.shtml。

5.3.3　XHTML MP 文档结构

典型的 XHTML MP 文档结构如下：

```
<?xml version="1.0"?>
<!DOCTYPE html PUBLIC "-//WAPFORUM//DTD XHTML Mobile 1.0//EN" "http://www.wapforum.org/DTD/xhtml-mobile10.dtd">
<html xmlns="http://www.w3.org/1999/xhtml">
    <head>
        <title>XHTML MP Tutorial</title>
    </head>
    <body>
        <p>Hello world. Welcome to our XHTML MP tutorial.</p>
    </body>
</html>
```

1. 预声明

```
<?xml version="1.0"?>
<!DOCTYPE html PUBLIC "-//WAPFORUM//DTD XHTML Mobile 1.0//EN" "http://www.wapforum.org/DTD/xhtml-mobile10.dtd">
```

它不是 XHTML MP 元素，所以不遵守 XHTML MP 的约定。其余内容和普通 HTML 文档一样，即 XHTML MP 必须包含<html>，<head>和<body>元素。

XHTML MP 文档都遵循 XML 规范，开始有个 XML 声明，如：

```
<?xml version="1.0" encoding="UTF-8"?>
```

这里也可以指定文档的字符编码，若字符编码是 UTF-8，可以省略。

<!DOCTYPE html PUBLIC "-//WAPFORUM//DTD XHTML Mobile 1.0//EN" "http://www.wapforum.org/DTD/xhtml-mobile10.dtd">声明是必须的。这个声明规定了 DTD 名称和 URL。该 DTD 包含标记语言的语法信息，可供验证工具验证 XHTML MP 文档的语法正确性。

2. 主体标记

<html>是 XHTML MP 的根标记。

<head>标记用来存放关于文档本身的信息，如<title>，<link>和<meta>等，这几个标记的功能与 html 一样。<body>标记也与 html 一样。

5.3.4 XHTML MP 的元标签

XHTML MP 元标签可用于预控制。

1. 缓存控制

缓存就是客户端用来临时存储 XHTML MP 文档的空间，如果浏览器发现缓存里面有页面而且没有过期，那它就直接显示这个页面，而不需要联网下载。

若设置缓存时间是 30 秒，则如下：

```
<head>
    <title>XHTML MP Tutorial</title>
    <meta http-equiv="Cache-Control" content="max-age=30"/>
</head>
```

当然，也可以禁止缓存，如：

```
<head>
    <title>XHTML MP Tutorial</title>
    <meta http-equiv="Cache-Control" content="no-cache"/>
</head>
```

上面的也可以这样写：<meta http-equiv="Cache-Control" content="max-age=0"/>

注意：上面设置和所用设备有关系。

有些 WAP 浏览器是没有缓存的，为此，最好通过服务器端编程技术设置 HTTP header 和 HTTP response。

2. 定时刷新与页面跳转

http-equiv 属性可用来实现定时刷新和页面跳转，如：

```
<head>
    <title>XHTML MP Tutorial</title>
    <meta http-equiv="Cache-Control" content="no-cache"/>
    <meta http-equiv="refresh" content="5"/>
</head>
```

上的代码让页面每隔 5 秒刷新一次。

注意：必须包含<meta http-equiv="Cache-Control" content="no-cache"/>，否则可能刷新后只是看到缓存中的副本，并没重新从服务器下载页面。

用来实现 URL 自动跳转的例子如下：

```
<head>
    <title>XHTML MP Tutorial</title>
    <meta http-equiv="refresh" content="3;URL=http://blog.csdn.net/patriot074/"/>
</head>
```

注意：并非所有浏览器都支持 refresh。

5.3.5　XHTML MP 标签简介

注释标签与 HTML 一样，如：

```
<! - This is a comment in XHTML MP - >
```

换行标签与 HTML 一样，是
。<hr/>标签会给页面添加一条水平线。注意：这个标记不能在<p></p>标记之间使用。

标题标记与 HTML 一样，有 6 种：<h1>，<h2>，<h3>，<h4>，<h5>和<h6>。

文字样式标签，可以通过<b>，<i>，<small>，<big>，<em>和<strong>等样式标签对文字的显示样式进行说明和控制；也可以通过 WAP CSS 进行更精确的控制。

预格式文本，在 XHTML MP 中，段落中的多个空格在手持设备中显示时只显示为一个空格。为了得到希望的格式，可以使用<pre>标签。

列表标签。使用<ul>标签来建立无序列表，每个列表项前将显示一个小圆点。<li>标签用来包围每个列表项。使用<ol>标签来建立有序列表，通过 WAP CSS 可对列表的外观进行更精确控制。例如，可以修改显示序号的方式，使用 i ,ii ,iii 来替代 1，2，3。

显示图片标签。使用<img>标签来显示图片。height 和 width 属性用来指定图片的高和宽（像素）。WAP 2.0 支持常用的 GIF，JPG，PNG 图像格式。

表格标签。创建表格所使用的标签和 HTML 中使用的没有区别。使用<table>标签，显示效果不带边框。若要显示边框，可以使用 WAP CSS 来控制。

超链接标签。超链接是用来导航的，可以点击链接，然后跳转到其他 XHTML MP 页面，这与 HTML 一样。至于图形化链接，也与 HTML 一样，可在<a>标签中加<img>标签，可以在点击图片时进行页面跳转，如：

```
<a href=”links.xhtml”><img src=”to2.gif” alt=”Go to linksEg5.xhtml”/></a>
```

下拉选择框，与 HTML 一样，如：

```
<form method=”get” action=”xhtml_mp_tutorial_proc.asp”>
    <p>
        <select name=”selectionList”>
            <option value=”tutorial_A”>XHTML MP Tutorial Part A</option>
            <option value=”tutorial_B”>XHTML MP Tutorial Part B</option>
            <option value=”tutorial_C”>XHTML MP Tutorial Part C</option>
        </select>
    </p>
</form>
```

默认选择的代码是：

```
<option value="tutorial_B" selected="selected ">XHTML MP Tutorial Part B</option>
```

支持多选的代码是：

```
<select name="selectionList " multiple="multiple ">
```

Input 标签与 HTML 一样，input 元素必须放置在<form>标记之间，<input>标记的 type 属性定义了 input 元素的类型。name 属性定义了 input 元素的名称，可供服务器端检索。

文本域用来获取字母和数字数据，如：

```
<input type="text " name="name_for_this_element"/>
```

其中，type 的默认属性就是 text，所以可以忽略。可使用 maxlength 属性来控制文本域可输入的字符数，密码域：在密码域中所有的字符通过星号来显示，如：

```
<input type="password " name="name_for_this_element"/>
```

复选框标签，与 HTML 中的也类似，例如：

```
<input type="checkbox" name="xhtml_mp_tutorial_chapter" value="1"/>
<input type="checkbox" name="xhtml_mp_tutorial_chapter" value="2"/>
<input type="checkbox" name="xhtml_mp_tutorial_chapter" value="3"/>
```

其中，value 的值将被发送服务器端（当有选中该复选框）。也可以通过 checked 属性设置复选框是否选中，代码如下：

```
<input type="checkbox" name="xhtml_mp_tutorial_chapter" value="1" checked=
"checked "/>
```

单选钮标签，下面代码创建一个单选按钮：

```
<input type="radio" name="name_for_this_element"/>
```

和复选框按钮类似，拥有相同 name 属性值的单选按钮将被分在同一个组，例如：

```
<input type="radio" name="xhtml_mp_tutorial_chapter" value="1"/>
<input type="radio" name="xhtml_mp_tutorial_chapter" value="2"/>
<input type="radio" name="xhtml_mp_tutorial_chapter" value="3"/>
```

其中，name 和 value 对是相关联的，这个将在 form 提交后用来后台取值。和复选框一样，checked 属性用来指定是否选中该项。

隐藏字段，隐藏字段将不会在页面中显示。它是用来存储状态信息的。例如：

```
<input    type="hidden" name="temp_id" value="123456 "/>
```

其中，value 属性值会被回发到服务器端。

Form 标签是 form 控件的容器，<form>标记使用两个方法：post 和 get。使用 get 方法，数据将追加到 URL 中发送，URL 携带的字符量是有限制的，如：

```
<form method="get" action="processing.asp">
```

action 属性，该属性指定了哪个页面用来处理提交的数据，可以在该页面编写后台处理代码。为了避免编码问题（当有非 ASCII 字符时），应该使用 post 方法替代 get 方法。而使用 post 方法数据时，数据将插入到请求，并一起发送。

提交按钮：每个 form 都应该包含一个 submit 按钮。当点击按钮后，窗体数据就会被提交到服务器进行处理，如：

```
<input type="submit" value="OK"/>
```

其中，value 属性用来指定这个按钮的标题。如果没有设置这个属性的话，那么将显示默认的 submit （如果是中文浏览器，会显示提交）。

重置按钮：当按下重置按钮时，form 中包含的控件值将回到初始状态，如：

```
<input type="reset"/>
```

如果没有设置重置按钮的 value 值，那么将默认显示 reset 或者重置。

文字样式用<b>，<i>，<small>，<big>，<em>和<strong>等控制，例如：

```
<p>
    <b>Bold</b><br/>
    <i>Italic</i><br/>
    <b><i>Bold italic</i></b><br/>
    <small>Small</small><br/>
    <big>Big</big><br/>
    <em>Emphasis</em><br/>
    <strong>Strong</strong>
</p>
```

还可以通过 WAP CSS 进行更精确的控制，比如把文字大小设置为 12。

5.4 XHTML MP 编程技巧

5.4.1 大图片问题及其处理

很多 WAP 浏览器没有水平滚动条，如果图片超过设备的屏幕尺寸，只能显示局部图片。图片的 height 和 width 属性设置只是影响外观，加载图片的时间和图片大小与设置的 height 和 width 值无关。因此，要优化 XHTML MP 页面图像，可采取如下方法之一处理：①使用 PS 等图片处理软件减小图片尺寸，然后通过 height 和 width 来设定显示尺寸。②如果使用 GIF 格式图片，则使用小型颜色调色板。③如果使用 JPG 格式图片，则用合适压缩比率压缩。

5.4.2 使用更短的 URL

与计算机键盘相比，手机输入不方便。因此，要缩短网站，有如下几个方法：①要利用二级域名，而不使用目录。如使用 http://wap.domainname.com/ 代替 http://www.domainname.com/wap/；还可以使用更短的域名，如 http://domainname.com/ 。②要统一 Web 站点和 WAP 站点的 URL。使用 http://www.domainname.com/或者 http://domainname.com/作为 WAP 站点域名。若 HTTP 请求来自手机，那么将把 WAP 版本的站点发送给这个请求用户，否则将返回 Web 版本的站点。③要设置站点的默认文档。以便用户通过 http://wap.domainname.com/访问 http://wap.domainname.com/index.xhtml 页面。

5.4.3 设置超链接的访问快捷键

如下示例中：

```
<p>
```

```
    This is page 1.<br/>
  <a accesskey="1" href="linksEg7.xhtml"><img src="to2.gif" alt="Go to
linksEg7.xhtml"/></a>
    </p>
  </body>
```

其中，属性 accesskey 用来设置快捷键，按下该键时，相当于点击了这个超链接（而在PC 上浏览器仅仅是让这个超链接获得焦点）。accesskey 属性的可用值是：*，#，0，1，2，3，4，5，6，7，8 和 9。

5.4.4 XHTML MP 编程示例

下面的 XHTML MP 例子演示了如何在当前文档中跳转到某个地方。

```
<html xmlns="http://www.w3.org/1999/xhtml">
 <head>
<title>XHTML MP Tutorial</title>
</head>
<body>
   <p><a id="top">Table of Contents:</a></p>
<ul>
     <li>Part 1 XHTML MP Introduction</li>
     <li>Part 2 Development of Wireless Markup Languages</li>
     <li>Part 3 Advantages of XHTML MP</li>
     <li>Part 4 WML Features Lost in XHTML MP</li>
</ul>
<p><a href="#top">Back to top</a></p>
</body>
</html>
```

习题

1. 名词解释：WML，XHTML，XHTML MP。
2. 比较 WML 与 XHTML MP 的区别。
3. 使用 WML 与 XHTML MP 分别制作简单的用户登录系统，然后体会两者的区别。

第 6 章 PHP 动态页面语言基础

为统计个人网页访问量，1994 年 Rasmus Lerdorf 创建了 PHP 脚本语言。经过一系列技术演化，其最新版本 PHP5 包含了许多新特色，如面向对象功能、引入 PDO（PHP Data Objects，一种操作数据库的技术）等功能。

6.1 PHP 概述

PHP（Personal Home Page）是服务端脚本语言，可以用来收集表单数据，生成动态网页或者发送 / 接收 Cookies。但 PHP 的功能远不局限于此，其主要应用领域是：

（1）服务端脚本。这是 PHP 的传统和主要领域，需要具备 3 点：PHP 解析器、Web 服务器和 Web 浏览器。在运行 Web 服务器时安装并配置 PHP，然后可以用 Web 浏览器来访问 PHP 程序的输出及浏览服务端的 PHP 页面。

（2）命令脚本。可以编写一段 PHP 脚本，不需要任何服务器或者浏览器来运行，只需要 PHP 解析器来执行。这些脚本可以处理简单的文本，对于依赖 Cron（Unix 或 Linux 环境）或者 Task Scheduler（Windows 环境）的日常运行的脚本来说是理想的。

（3）桌面应用程序。对于有着图形界面的桌面程序来说，PHP 不能算是最好的语言，但是如果用户非常精通 PHP，并希望在客户端使用 PHP 的一些高级特性，可以利用 PHP-GTK 来编写这类程序。

本章主要介绍 PHP 服务器脚本的应用，读者如果对其他两个方面感兴趣，可以查阅相关的资料。

6.1.1 PHP 简介

PHP（Hypertext Preprocessor）是一种 HTML 内嵌式的脚本语言，在服务器端执行。PHP 的语法混合了 C，Java，Perl 以及 PHP 自己的语法，其语言风格更类似于 C 语言。

PHP 的特点是：简单易学、执行速度快、执行效率高；在编译后执行时实现加密功能且速度更快；几乎支持所有流行的数据库及操作系统，跨平台性非常好；PHP 是开源和完全免费的，常与 MySQL 以及 Apache 配合使用，构建免费 Web 环境；PHP 可以动态创建图像；在 PHP4 和 PHP5 中，面向对象方面有了很大的改进，完全可用来开发大型商业项目。

现在流行的 LAMP 黄金组合就是指的 Linux，Apache，MySQL 和 PHP。

6.1.2 PHP 环境的搭建

WampServer5 集成环境的搭建。Wamp5 是 Apache，MySQL，PHP 在 Windows 下的集成开发环境，拥有简单的图形用户界面，安装方便。该版本集成了 PHP5.2.5，MySQL5 和 Apache2，可满足大部分 PHP 开发者需求，其下载地址：http://www.wampserver.com/。

在安装过程中，系统会提示选择默认开发目录，可以根据喜好建立目录，也可以用默认目录（Wamp 安装目录的 www 文件夹下面），填好相应信息后，系统会提示选择开发所用浏览器，默认为 IE。

启动 Wamp5，电脑的任务栏中会显示一个类似于汽车表盘的图标，这就是 Wamp5，其不同颜色代表不同的启动状态：带红色小点代表正在启动和初始化；黄色背景表示就绪状态，此时还不能使用 Web 服务；白色背景表示启动成功完成状态，所有服务程序均开始工作。

白色图标表示 Web 服务已经建立；可以使用 http://localhost/或者 http://127.0.0.1/检测在本机中运行的 Web 服务器是否开通。

单击 Wamp5 图标，弹出菜单，Wamp5 默认是英文的，可通过右键点击 wamp5 图标来设置成中文。

添加虚拟目录的方法是：首先点击任务栏中的 Wamp5 图标；接下来点击“Alias 目录”，然后点击“添加一个 Alias”，单击后则会弹出 DOS 窗口，同时会有一些提示信息；在后面输入要创建的虚拟目录名称，如：phpweb 等，然后回车，则会在 DOS 窗口中继续出现提示信息：c:/test/，这个是制定虚拟目录的路径。

也许会遇到 Wamp5 的图标总是黄色而不能完全启动的情形，原因可能是 80 端口被占用，解决办法就是把占用 80 端口的程序关闭或者改为其他的端口，常见的占用 80 端口的程序有 IIS 等。

PHP 开发工具有 Zend Stodio，PHPedit，EditPlus，easyEclipse 和 Dreamweaver 等。

6.2 PHP 语法

6.2.1 基本语法

1. PHP 标记风格

PHP 有以下 4 种标记风格，可任选一种使用。

第一种，也是 PHP 推荐使用的风格，以“<?php”开始，以“?>”结束，类似于 XML。这是最常见的风格，如：

```
<?php
echo "Hello PHP!"; //PHP 代码，输出 Hello PHP!
?>
```

在 PHP 中都是以“;”作为结尾的。

这种风格的标记可以在 XML 文档中使用，如果打算在站点中使用 XML，就必须使用此风格，所以推荐使用这种风格。

第二种是简短风格：

```
<?
echo "Hello PHP!";
?>
```

要想使用这种风格，首先要启用配置文件中的 short_open_tag 选项，或者启用短标记选项编译，但是服务器管理员可能会禁用它，因为它会干扰 XML 文档的声明，PHP

不推荐使用此风格。

第三种是 Script 风格：

```
<script language="php">
echo "Hello PHP!";
</script>
```

这种风格是最长的，使用过 javascript 或 vbscript 的人就会熟悉这种风格。

第四种是 ASP 风格：

```
<%
echo "Hello PHP!";
%>
```

这种风格和 ASP 相同，需要在配置文件中启用 asp_tags 选项。

2. PHP 输出语句

PHP 有两种输出文本的基础指令：echo 和 print。

3. PHP 注释

注释相当于代码的解释和说明，可以使人更快速地理解程序。PHP 支持 C，C++和 Shell 风格的注释：

单行注释： // 或 #

多行注释： /* 注释内容 */

6.2.2 类型

PHP 支持 8 种原始类型，其中：4 种标量类型是 boolean（布尔型）、integer（整型）、float（浮点型）和 string（字符型）；2 种复合类型是 array（数组）和 object（对象）；2 种特殊类型是 resource（资源）和 NULL。

1. 布尔型

布尔型表达了真/假，其值是 true 或 false。

在 PHP 中，其他类型的值也会被认为是 false，如整型值 0，浮点型 0.0，空白字符串和字符串“0”，没有成员变量的数组，特殊类型 NULL（包括尚未设定的变量）。

2. 整型

整型值可以用十进制、八进制、十六进制指定，同时还可以指定正负。如：

```
$num_int = 1234;   //十进制
$num_int = 0123;    //八进制 输出为 83
$num_int = 0x1b;   //十六进制 输出为 27
```

3. 浮点型

浮点型（浮点型、双精度数或实数）可以表示小数或者科学计数法。如：

```
$num_float = 1.11; //小数
$num_float = 1.2e3; //科学计数法
```

4. 字符型

字符串是由一系列字符构成。

```
$str_name = "PHP";
```

```
$str_pwd = "jialei";
echo $str_name. "".$str_pwd; //其中 . 为连接符，输出 PHP jialei
```

5. 数组

声明数组有两种方式：一是应用 array()函数声明数组，另一种是直接为数组赋值。

array()函数声明数组的方式为：array(key1=>value1, key2=>value2, key3=>value3…)，如：

```
$array = array("0" => "PHP", "1" =>"数", "2" => "组");
print_r ($array); //echo，print 只能输出数组元素，print_r()用来输出数组结构
echo "<br>";
echo $array[0];
echo $array[1];
echo $array[2];
/* 输出结果：Array ( [0] => PHP [1] => 数 [2] => 组 ) PHP 数组*/
```

6. 对象

对象是对类的实例，对象封装了数据和方法。

7. 资源

资源是一种特殊变量，保存了到外部资源的一个引用。资源是通过专门的函数来创建和使用的。任何资源在不需要时应及时释放，如果程序员忘记释放该资源，系统会自动调用垃圾回收机制，在页面执行完毕后释放该资源，以防止内存被消耗殆尽。如：

```
$file = fopen("temp.txt","r "); //打开文件
```

8. NULL

NULL 值表示变量没有值。NULL 类型唯一可能的值就是 NULL。

下列情况下变量被认为是 NULL：被赋值为 NULL、没有被赋值和被 unset()化。

6.2.3 变量

1. 基础

PHP 的变量用美元符号后面跟变量名表示，变量名区分大小写，有效变量名是由字母或者下划线开头，后面跟上任意数量的字母、数字或者下划线。如：

```
$_3num = "php"; //合法变量
```

2. 变量范围

变量范围是其有效范围，大部分的 PHP 变量只有一个单独范围，这个单独范围包括了 include 和 require 引入文件。如：

```
$str = "PHP";
include 'b.php';
```

其中，变量$str 将会在包含文件 b.php 中生效。不过，在用户自定义函数中，任何用于函数内部的变量按缺省情况被限制在局部函数范围内。如下：

```
$str = "php";
Function test(){ //自定义函数
    echo $str;
```

```
    }
test();
```

上述程序不会有输出，因为 test()中输出的$str 是局部变量，在该范围内它没有被赋值，这和 C 语言不同。在 PHP 中，要想全局变量在函数内使用，就要声明为全局变量。

```
$a = 1;
$b = 2;
Function sum(){
    global $a, $b; //使用 global 声明全局变量
    $b = $a + $b;
    }
    sum();
    echo $b;
```

以上程序输出结果为 3。

变量范围的另一个重要特性就是静态(static)变量。静态变量仅在局部函数域中存在，但当离开此程序时，其值不丢失。

```
Function Test(){
    Static $a = 0;
    echo $a;
    $a++;
    }
```

上面程序每次调用 Test()时函数都会输出$a 的值并加一。有兴趣者可不把$a 定义为 static，然后看看与此程序结果有何不同。

3. 可变变量

有时使用可变变量很方便，即变量的变量名可以动态设置和使用，而普通变量则需要声明，例如： $a = 'hello';

可变变量把普通变量的值作其变量名。上述例子中，hello 使用了两个美元符号($)，可作为可变变量，例如：$$a = 'world';

这时，两个变量都被定义了：$a 的内容是“hello”，且 $hello 的内容是“world”。因此，可以表述为： echo "$a ${$a}";

以下写法更准确并且会输出同样的结果： echo "$a $hello";

它们都会输出：hello world。

6.2.4 常量

用 define()函数来定义常量。常量名和其他 PHP 标签的命名规则一样。定义常量时，不要在前面加$。

常量一旦被定义，其值就不能再改变或者取消定义。常量只能包含标量类型 boolean，integer，float 和 string。

常量和变量的不同点是：常量前面没有美元符号；常量只能用 define()函数定义，不能通过赋值语句；常量可不理会作用范围，在任何地方可以访问；常量一旦被定义

就不能更改和取消；常量的值只能是标量。如：

```
Define("CONSTANT","Hello World");
echo CONSTANT; //输出 Hello world
```

6.2.5 运算符

PHP 中有 3 种运算符。第一种是一元运算符，只运算一个值，如!（取反运算符）或++（加一运算符）。第二种是有限二元运算符，PHP 大多数运算符属于这种。第三种是三元运算符，如：?:。表 6-1 列出了 PHP 的运算符以及优先级。

表 6-1 PHP 的运算符以及优先级

结合方向	运算符	附加信息
非结合	new	new
左	[	array()
非结合	++ --	递增 / 递减运算符
非结合	! ~ - (int) (float) (string) (array) (object) @	类型
左	* / %	算术运算符
左	+ - .	算术运算符和字符串运算符
左	<< >>	位运算符
非结合	< <= > >=	比较运算符
非结合	== != === !==	比较运算符
左	&	位运算符和引用
左	^	位运算符
左	|	位运算符
左	&&	逻辑运算符
左	||	逻辑运算符
左	? :	三元运算符
右	= += -= *= /= .= %= &= |= ^= <<= >>=	赋值运算符
左	and	逻辑运算符
左	xor	逻辑运算符
左	or	逻辑运算符
左	,	多处用到

6.2.6 控制结构

根据执行方式，PHP 的控制结构分为 3 种：顺序结构、选择结构、循环结构。其中顺序结构就是从第一条语句开始依次执行到最后一条语句。下面主要介绍其他两种结构。

1. 条件控制语句

条件控制语句根据用户输入或者语句中间结果去执行与之相对应的任务。条件控制语句分为 if，else，elseif 和 switch。

（1）if 语句的用法。

```
if(A){
```

```
    Statement1;
}else{
    Statement2;
}
```

解析：A 的结果应该为布尔值，如果为 true，则执行 Statement1；否则执行 Statement2。

if…elseif…else 语句用法：

```
if(A){
    Statement1;
}elseif(B){
    Statement2;
}else{
    Statement3;
}
```

解析：如果 A 为 true 则执行 Statement1，如果 B 为 true 则执行 Statement2，否则执行 Statement3。if 语句是可以嵌套使用的。

（2）switch 语句用法。有时，需要把一个值和很多不同值作比较，根据判断情况执行相应的代码，这就是 switch 的用途。其用法是：

```
switch(A){
case val1:
    Statement1;
    break;
case val2:
    Statement2;
    break;
default:
    Statement3;
    break;
}
```

其中，switch 遇到第一个 break 则停止，如果不写 break，则程序会继续执行。Case 表达式是简单类型的表达式，即整型或浮点数以及字符串。不能用数组或对象，除非它们被解除引用而成为简单类型。

switch 例子如下：

```
$i = 2;
switch($i){
case 1:
        echo "i equals 1";
        break;
case 2:
```

```
        echo "i equals 2";
        break;
    default:
        echo "i is not equals to 1 or 2";
}
```

2. 循环控制语句

循环控制语句用来重复程序中的特定任务，如遍历一个数组。常用的控制循环语言有 3 种，分别如下所述。

（1）while 循环。while 循环是最简单的循环，在每次循环中，都会判断 while 的表达式是否为真，当表达式为假时跳出循环。如下例子：

```
$num = 1;
while($num < 5){
    $count += $num;
    echo "第".$num."次执行while"."<br>";
    $num++;
}
    echo "The result of count is ".$count;
```

解析：程序第一次执行时先判断$num = 1 小于 5，所以执行{}内的内容，执行后$num=4 仍然小于 5 所以继续执行{}里的内容，依次循环，当$num 大于 5 时向下继续执行。

（2）do…while 循环。do…while 循环与 while 循环类似，不同之处就是 do…while 循环是程序先执行，在最后才判断表达式是否为真，所以这就意味着循环最少要执行一次。代码格式如下：

```
do{
    Statement;
}while(A);
```

do…while 循环经常用来处理如果一个条件匹配就马上跳出循环的情况，如下面代码：

```
$flag = true;
do{
    echo "执行！";
    if($flag){
        break;
    }
    echo "不执行！";
}while(false);
```

do…while 至少执行一次，循环体内可以通过 break 随时停止语句执行。do…while 常用来做正常循环使用。

（3）for 循环。PHP 的 for 循环与 C 风格一样。for 循环接受 3 个参数：

```
for(start_expr; truth_expr; increment_expr){
```

```
        Statement;
    }
```

start_expr 在循环开始前无条件执行一次。truth_expr 在每次循环时执行，如果值为 true，则继续循环，否则终止循环。Increment_expr 在每次循环之后执行。

```
for($i = 1; $i <= 10; $i ++){
    echo $i."<br>";
}
```

输出结果为 1 到 10 的整数。

3. 代码包含结构

代码包含结构不仅可以进行模块化编程，而且还会使代码的重用性提高。代码包含语句有：include()，require()，include_once()，require_once()。

include()和 require()除了处理失败方式不同外，其他都一样：失败时 include()会产生一个警告，而 require()则会产生一个错误。若想在丢失包含文件时停止处理页面，就可用 require()；而 include()不会停止，它会继续运行。

include_once()和 require_once()与其对应的 include()和 require()的语句类似，不同之处是如果该文件已经包含了，则不会再次包含。

```
vars.php
    $color ="green";
    $fruit ="apple";
fruits.php
    echo "A $color $fruit"; //输出结果： A
    include 'vars.php';
    echo "A $color $fruit"; //输出结果：  A green apple
```

6.2.7 函数

1. 自定义函数

定义函数的语法是：

```
Function fName($arg_1, $arg_2,…$arg_n){
    echo "example function";
    return $reval;
    }
```

一个求和函数的例子如下：

```
function sum($a, $b){
    $sum = $a + $b;
    return $sum;
}
$c = sum(2,3);
echo "2+3 的结果是：".$c;
```

可以在函数中应用任何有效的 PHP 代码，甚至可以包括其他函数甚至类。函数名和

PHP 变量命名规则相同。PHP 中的所有函数都具有全局性，可以在内部定义外部调用，反之亦然。PHP 不支持函数重载。

2. 函数参数

通过参数列表可以把信息传递到函数：小括号内以逗号作为分隔符的表达式列表。

传递参数的方法有两种：一种是常用的值传递，一种是引用传递。使用哪种参数传递需要在函数定义时设置。

值传递。上述例子采用值传递，参数可以是任意的合法表达式，表达式的值会被计算出来并且传递给函数里的相应变量。如上面例子中，将 2 传递给$a，3 传递给$b。

引用传递。传递引用要求参数必须是变量。与变量的值被传递不同，函数中相应的变量直接实时地指向被传递的变量。因此，如果在函数里面改变变量的值，函数外面的变量值也会被改变。

```
Function square(&$n){
    $n = $n*$n;
}
$num = 2;
square($num);
echo $num;
```

函数参数$n 前的&符号告诉 PHP 这是一个引用传递。输出为：4。

3. 函数返回值

函数的值可以通过函数中可选的返回语句返回。可以返回任何类型的值，其中包括列表和对象，但不能返回多个值。在返回值后，函数将结束。

```
function sum($a,$b){
    $count = $a + $b;
    return $count;
}
echo sum(2,3); //输出值为：5
```

6.2.8 异常处理

PHP5 增加了异常处理功能。在 PHP 代码中所产生的异常可以被 throw 语句抛出并被 catch 语句捕获。需要进行异常处理的代码必须放入 try 代码块内，以便捕获可能存在的异常。try 和 catch 成对出现。不过可以同时使用多个 catch 捕获不同类型的异常。当 try 代码块不存在异常或者找不到与 catch 匹配的异常时，则程序会跳到最后一个 catch 后面继续执行。同时，PHP 允许在 catch 代码块内再次抛出异常。

当异常被抛出时，其后面的代码将不会继续执行，此时 PHP 就会尝试查找第一个能与之匹配的 catch。如果异常不能够被捕获，而且又没有使用 set_exception_handler() 作相应处理，PHP 将会产生一个错误，并且输出 Uncaught Exception…（未捕获异常）的提示信息。

```
try{
$a = 3/0;
```

```
echo $a;
}catch(Exception $e){
echo $e;
}
```

上面的程序用 catch 捕获分母为 0 时的异常，输出结果为：

Warning: Division by zero in C:\phpweb\test\test.php on line 21

6.3　PHP 面向对象技术

6.3.1　类和对象

世界是由各种对象组成，每种对象都属于一个类。类是一种抽象说法，指一些具有相同属性的东西，如人是一个类，人的属性包括有两条腿、两只手、一个脑袋、会说话、会思考等。而对象则是类里存在的一个具体元素，是对该类的实例化。如刘德华就是一个对象。类与对象的关系是：一个类可以实例化为多个对象。

面向对象的编程（OOP）思想是，尽力保持使用计算机语言对事物的描述与该事物在现实世界中的面目一致。因此，可以给出类和对象的定义：

类：具有相同或相似性质的对象的抽象。

对象：对象是对类的实例化，是实际存在的该类事物的个体。通过类创建对象的过程称为创建对象或实例化类。

属性是指用来描述对象的数据元素。在声明属性和方法时，PHP 用 public，private，protected 之一进行修饰，以定义属性和方法的访问权限。其中，public（公共的）指可以在类的内部、外部读取和修改；private（私有的）指只能在类内读取和修改；protected（受保护的）指能在类及其子类内读取和修改。

属性和方法的使用：通过引用变量的->符号调用变量指向对象的属性或方法，并且可以对属性进行赋值与修改。在 PHP5 中，在属性定义时可以不用设置初始值。

在 PHP 中，使用关键字 class 定义类，后面紧跟类名，可以使用任何非 PHP 保留字的名字，习惯于类名首字母大写，后面跟一对大括号，里面包含类的属性和方法定义。如：

```
class Person{
    public $name = "No Name"; //定义$name属性
    public $age = 20; //定义$age属性
    public function run(){ //定义run方法
        echo "两条腿跑！";
    }
}
$p = new Person(); //实例化对象
echo "对象的名字是：".$p->name; //输出对象属性$name
echo "<br>";
```

```
echo "他的年龄是：".$p->age; //输出对象属性$age
echo "<br>";
echo "他跑步的方式是：";
$p->run(); //调用对象的方法run()
echo "<br>";
$pp = new Person(); //在实例化一个对象
$pp->name = "刘德华"; //设置姓名为刘德华
$pp->age = 48; //设置姓名为48
echo "他的名字是：".$pp->name."，年龄：".$pp->age;
```

输出结果为：

对象的名字是：No Name

他的年龄是：20

他跑步的方式是：两条腿跑！

他的名字是：刘德华，年龄：48

解析：我们通过 new 关键字创建了一个 Person 对象$p。

如果把上面例子中 Person 类中的 public 改为 private，上面程序将会出错，因为用 private 修饰后，只能在 Person 类内部引用。

6.3.2 构造函数和析构函数

1. 构造函数

构造函数(构造方法)是对象被创建时自动调用的方法，用来完成类的初始化。和其他函数一样，构造函数可以传递参数，可以设定参数默认值，可以调用属性和方法。在 PHP4 中，使用与类同名的方法为构造函数，PHP5 依然支持此方式，但不建议使用此方式，而规定使用__construct()函数表示构造函数，注意这里是两个_。

```
class Person{
private $name;
public function __construct($name){
    $this->name = $name;
    echo "在这里进行类的初始化工作，这里的代码会运行。<br>";
    echo "\$name is $this->name<br>"; //可以在前面加上\输出$name

}
}
new Person("刘德华");
new Person("张学友");
```

输出结果为：

在这里进行类的初始化工作，这里的代码会运行。

$name is 刘德华

在这里进行类的初始化工作，这里的代码会运行。

$name is 张学友

在方法内部通过$this->符号调用同一对象的属性。

2. 析构函数

析构函数指当某个对象成为垃圾或者被销毁时执行的方法，析构函数用__destruct()定义，是由系统自己调用的，不要在程序中调用对象的析构函数；析构函数不能带参数；析构函数可以被显示调用，但是不要这样去做。

在 PHP 中，当没有任何变量指向这个对象时，该对象就成为垃圾。PHP 就会将其在内存中销毁。这就是 PHP 中的 GC（Garbage Collector）垃圾处理机制，以防止内存溢出。

6.3.3 类的继承

继承是面向对象的重要特征之一，通过继承可以实现类的复用。通过继承类，可以使用该类的方法和属性。通过继承而产生的类叫做子类，被继承的类称为父类或超类。

在 PHP 中，继承是单继承，即一个类只能继承一个父类，但是一个父类却可以被多个子类继承。继承的关键字为 extends。注意，子类不能继承父类的（被 Private 修饰的）私有属性和私有方法。

下面看一个继承的例子：

```
person.php
Class Person{
   Private $name;
   public function setName($name){
         $this->name = $name;
   }
   public function getName(){
         return $this->name;
   }
   public function run(){
         echo "跑步！";
   }
}
Programmer.php
require_once("Person.php");
class Programmer extends Person{ //使用extends关键字实现继承
   public function coding(){
         echo "作为程序员，每天至少编写500行代码";
   }
}
$pro = new Programmer();
$pro->setName("TOM");
echo $pro->getName();
$pro->coding();
```

输出结果为：TOM 作为程序员，每天至少编写 500 行代码。

说明：Programmer 类继承了 Person 类，当实例化 Programmer 类时，其父类的方法 setName($name)，getName()就被继承了。可以直接调用父类的方法 setName($name)来设置名字，用 getNmae()返回名字。

6.3.4 重写

如果从父类继承的方法不能满足子类要求，子类可以对其重写。当对父类的方法进行重写时，子类的方法必须和父类的方法具有相同名称和参数，且子类不能用比父类更严格的访问权限。默认的访问权限为 public。

下面是重写的例子，利用上述 Person 类，要描述一个百米运动员，继承父类 Person 类，对 run()方法重写。

```
require_once("Person.php");
class Runer extends Person{
   public function run(){
        echo "用两条腿非常快地跑！";
   }
}
class Disabled extends Person{
   public function run(){
        echo "坐着轮椅跑！";
   }
}
$p = new Person(); //实例化一个普通人
$p->setName("普通人");
echo $p->getName();
$p->run();
echo "<br>";
$r = new Runer(); //实例化一个跑步运动员
$r->setName("博尔特");
echo $r->getName();
$r->run();
echo "<br>";
$d = new Disabled(); //实例化一个残疾人
$d->setName("残疾人");
echo $d->getName();
$d->run();
```

输出结果为：

普通人跑步！

博尔特用两条腿非常快地跑！

残疾人坐着轮椅跑！

6.3.5 抽象类与接口

1. 抽象类与抽象方法

可以使用 abstract 来修饰类或者方法，用 abstract 修饰的类叫抽象类，用 abstract 修饰的方法叫抽象方法。抽象类不能被实例化，只能被继承。抽象方法没有方法体。

```
abstract Class T{ //定义一个抽象类
    public function __toString(){//定义__toString()方法
        return get_class($this);
    }
}
 echo new T(); //实例化时会出错
```

上面这段程序会报错，因为抽象类是不能被实例化的。

```
abstract Class T{ //定义一个抽象类
    public function __toString(){
        return get_class($this);
    }
}
Class TT extends T{
}
 echo "实例化类";
 echo new TT();
```

输出结果为：实例化类 TT

在程序中只写一个抽象类没有意义，要包含抽象方法后才能发挥抽象类的作用。

抽象方法同样需要用 abstract 修饰，抽象方法只有方法名，没有方法体，也就是说抽象方法没有{}，以“；”结束。

包含抽象方法的类就必须被声明为抽象类，抽象方法在子类中必须被重写。

```
abstract Class Animal{ //定义一个抽象类
Protected $name;
abstract function setName($name);
abstract function getNmae();
}
Class Cat extends Animal{
function setName($name){ //重写父类Animal中的setName($m)方法
    $this->name = $name;
}
function getNmae(){ //重写父类Animal中的getName()方法
    echo "这只动物的名字是：$this->name";
}
```

```
}
$c = new Cat();
$c->setName("TOM");
$c->getNmae();
```

输出结果为：这只动物的名字是：TOM

由于 Animal 是抽象类，不能直接实例化，需要写子类 Cat 类去继承它。因为 Animal 中有两个抽象方法，所以在 Cat 类中要重写两个抽象方法。如果不重写就会出错。当然有时可能不需要去实现某个抽象方法，这时候可以写一个空方法，即方法体是空的。如果是一个抽象类继承另一个抽象类，那么子抽象类不需要重写父抽象类的抽象方法。

2. 接口

接口（interface）是抽象方法和静态常量的集合，是一种特殊的抽象类。在接口中只包含抽象方法和静态常量，不存在其他类型的内容。

静态是指用 static 修饰的，静态的方法，变量可以用类名直接调用。

在接口中，方法只能是抽象的，抽象方法只能用 Public 修饰，默认的也是 Public，Private 和 Protected 修饰都会报错。出现非抽象方法则会出错。虽然接口用抽象方法，但也不能用 abstract 修饰，因为默认的即为抽象方法。接口中可以定义静态常量，而且不需要 static 修饰。类实现接口时，要使用 implements，实现接口就要实现接口内的全部抽象方法，一个类可以实现多个接口。可用实现多个接口的方式实现多继承。

```
interface User{ //定义用户接口
    function setName($name);
    function getName();
}
interface Administrator{ //定义管理员接口
    const GRADE = 99;
    function setMessage($msg);
}
class Admin implements User,Administrator{ //同时实现两个接口
    function setName($name){} //实现抽象方法，方法体为空
    function getName(){}
    function setMessage($msg){
        echo $msg;
    }
}
$str = "我是管理员！";
$myAdmin = new Admin();
$myAdmin->setMessage($str);
echo "<br>";
echo "级别为：".Admin::GRADE; //静态常量的调用
```

输出结果为：　我是管理员！级别为：99

在 PHP5 中，一个接口可以继承其他接口，而且接口比较特殊，一个接口可以继承多个接口，接口与接口之间使用 extends 关键字继承。

6.3.6 多态

多态是面向对象的特征之一，面向对象不是简单的数据和函数集合，而是使用类和继承机制模拟现实生活情景，可以通过继承复用代码。除此外，要编写健壮、扩展性好的代码，尽可能少使用控制流程语句，多态将满足这些需求。通过下面例子，可以看出多态的优势。

```
class Cat{
   function call(){
        echo "喵喵！";
   }
}
class Dog{
   function call(){
        echo "汪汪！";
   }
}
function getCall($obj){
   if($obj instanceof Cat){ //instanceof判断当前实例是否属于Cat类
        $obj->call();
   }else if($obj instanceof Dog){
        $obj->call();
   }else{
        echo "错误，输入了一个错误的对象！";
   }
   echo "<br>";
}
getCall(new Cat());
getCall(new Dog());
```

可用 instanceof()检测某对象是否属于（继承）某个类、某个类的子类、某个接口。

如果想继续添加一个羊类，那么还要在 getCall()函数中继续添加 if 条件判断，显然这样的程序扩展性是不理想的。

多态则通过继承很好地解决了这个问题。先创建父类 Animal，让其他动物继承之。例如：

```
class Animal{
   function call(){}
}
```

```
class Cat extends Animal{
   function call(){
         echo "喵喵！";
   }
}
class Dog extends Animal{
   function call(){
         echo "汪汪！";
   }
}
function getCall($obj){
   if($obj instanceof Animal){
         $obj->call();
   }else{
         echo "错误，输入了一个错误的对象！";
   }
   echo "<br>";
}
getCall(new Cat());
getCall(new Dog());
```

从上述例子可看出，无论想添加多少种动物，都无需修改 getCall()函数，这使得程序具有扩展性，也降低了程序的耦合度。

6.4 MySQL 简介

6.4.1 MySQL 初步入门

1. MySQL 基础

MySQL 是跨平台的关系型数据库系统，是具有客户机/服务器体系结构的分布式数据库管理系统。MySQL 因其设计精巧、功能强大、使用简便、管理方便、运行速度快、安全可靠性强、灵活性高、具有丰富的应用编程接口（API），而受到自由软件爱好者和商业软件用户的青睐，特别是与 Apache 和 PHP 结合可为建立基于数据库的动态网站提供强大动力。

可以用命令行工具管理MySQL数据库，也可以从MySQL网站下载管理工具MySQL Administrator 和 MySQL Query Browser。本节使用 Wamp 自带的 phpMyAdmin 来管理 MySQL 数据库。

2. 数据库基础

关系数据库就是由关系数据接口组成的数据库系统。关系数据结构是把复杂的数据结构归结为简单的二元关系（即二维表形式）。例如，职工信息表就是二元关系。对关系数据库而言，关系是带有特殊属性的表，表就是关系模型的近义词。关系模型把数据组织到表中，而且仅在表中。客户、数据库设计者、数据库系统管理员和用户都以同样的方式操作表数据。

表有一组命名属性或列或域，以及一组元组或行或记录，列和行的交集通常被叫作单元。列有作用域或数据类型（如字符或整数），并且有唯一名称。行就是数据。

关系表必须符合某些特定条件，才能成为关系模型的一部分：贮存在单元中的数据必须是原子的。贮存在列下的数据必须具有相同数据类型。每行是唯一的（没有完全相同的行）。行、列没有顺序。

关系模型有其特殊操作。这些操作可能包括列的子集、行的子集、表的连接以及其他数学集合操作（如联合）等。

SQL 是关系型数据库的标准语言，允许数据操作的主要语句是 Select，Insert，Update 和 Delete。允许数据定义的基本语句是 Create，Alter 和 Drop。

关系模型遵循两个基础的完整性原则，即实体完整性原则和引用完整性原则。

首先，先看相关定义。主键（primary key），能唯一标识行的一列或一组列集合。由多个列构成的主键被称为连接键（concatenated key）、组合键（compound key）或复合键（composite key）。其他有可能被选为主键的列被称为候选键（candidate key）或替代键（alternate key）。外键（foreign key）是表中的一列或一组列，它们在其他表中作为主键而存在。表中的外键被认为是对其他表的主键的引用。

实体完整性原则简洁地表明主键不能全部或部分地空缺或为空。引用完整性原则简洁地表明外键必须为空或者与它所引用的主键的值一致。

3. MySQL 数据类型

在创建数据库时，每一列都需要设置一种数据类型，下面是 MySQL 的几种数据类型：

（1）数值类型。数值类型有 int(size)，smallint(size)，tinyint(size)，mediumint(size) 和 bigint(size)，它们仅支持整数，在 size 参数中规定数字的最大值。而 decimal(size,d)，double(size,d)和 float(size,d)则支持带有小数的数字，在 size 参数中规定数字的最大值，在 d 参数中规定小数点右侧的（去掉）数字的最大值。

（2）文本数据类型。文本数据类型有以下几种：char(size)支持固定长度的字符串，可包含字母、数字以及特殊符号，在 size 参数中规定固定长度；varchar(size)支持可变长度的字符串（可包含字母、数字以及特殊符号），在 size 参数中规定最大长度；Tinytext 支持可变长度的字符串，最大长度是 255 个字符；text，blob 支持可变长度的字符串，最大长度是 65535 个字符；mediumtext，mediumblob 支持可变长度的字符串，最大长度是 16777215 个字符；longtext，longblob 支持可变长度的字符串，最大长度是 4294967295 个字符。

（3）日期数据类型。日期数据类型支持日期或时间，有 date(yyyy-mm-dd)，datetime(yyyy-mm-dd hh:mm:ss)，timestamp(yyyymmddhhmmss)和 time(hh:mm:ss)。

（4）杂项数据类型。杂项数据类型有：enum(value1,value2,ect)，是 ENUMERATED 列表的缩写，可在括号中最多存放 65535 个值；Set，SET 与 ENUM 相似，SET 最多可拥有 64 个列表项目，并可存放不止一个 choice。

6.4.2 MySQL 基本操作

用 phpMyAdmin 作为操作 MySQL 的工具。启动 Wamp5 后，单击 phpMyAdmin 即可。这个图形界面工具操作简单，可以通过界面创建数据库。

1. 表的操作

主要介绍创建、修改和删除 MySQL 数据库中的表。

（1）创建表。在创建表之前，首先需要创建数据库。数据库通过 CREATE DATABASE 语句创建，点击 phpMyAdmin 左侧上部的第二个按钮，右侧就会出现命令行的界面，输入如下语句创建名称为 staff 的数据库：CREATE DATABASE staff; 之后，在左侧就会出现该数据库，点击进入数据库内部，右侧显示：数据库中没有表。为数据库创建表时，点击右侧菜单上面的 SQL 进入命令行窗口。表通过 CREATE TABLE 语句创建。此语句有很多选项和子句，限于篇幅在此只介绍一般用法。创建名称为 employee 的表的方法是：

```
CREATE TABLE employee(
    emp_ID INT( 4 ) NOT NULL AUTO_INCREMENT PRIMARY KEY ,
    emp_name VARCHAR( 25 ) NOT NULL ,
    emp_sex VARCHAR( 2 ) NOT NULL ,
    emp_age INT( 2 ) NOT NULL
) ;
```

其中，NOT NULL 表示该字段不允许为空，AUTO_INCREMENT 表示该字段为自增的（从 1 开始依次加 1），PRIMARY KEY 表示主键。

（2）修改表。若要对表结构进行修改，则使用 ALTER 语句。利用该语句，可以增加、修改或删除列。如对上面创建的表增加一列“部门号”，就用如下语句：

```
ALTER TABLE employee ADD dept_ID INT( 2 ) NOT NULL;
```

新增加的列默认放到最后，可以使用关键字如 FIRST，AFTER 和 LAST 控制新列的位置。想把部门号放在 emp_ID 后面，可以执行如下语句：

```
ALTER TABLE employee ADD dept_ID INT( 2 ) NOT NULL AFTER emp_ID;
```

还可以删除列，如：ALTER TABLE employee DROP dept_ID;

（3）删除表。用 DROP TABLE 语句删除表，方法是：DROP TABLE employee;删除多个表的方法是：DROP TABLE employee1, employee2,…;

2. 数据的操作

使用数据库旨在存储和维护数据，下面学习数据的操作方法。

（1）添加数据。添加数据使用 INSERT INTO 语句实现，如向表中加入一条数据的方法是：

```
INSERT  INTO   employee (emp_ID , emp_name , emp_sex , emp_age ) VALUES
(NULL , '张三', '男', '20');
```

或者：

```
INSERT INTO   employee VALUES (NULL , '张三', '男', '20');
```

VALUES 中第一值为 NULL 是因为与之对应的 emp_ID 是自增的，所以这里不需要为其赋值，它将自动从 1 开始添加。这样就在数据库中添加了一条记录，可以先点击左侧的表，然后点击右侧菜单上的"浏览"查看表中的数据。由于 emp_ID 为自增的，也可以这样添加数据：

INSERT INTO employee (emp_name, emp_sex, emp_age) VALUES ('李四', '男', '20');

（2）修改数据。有时需要修改数据，这可以通过 UPDATE 语句实现，如：
UPDATE employee SET emp_sex = '女' WHERE emp_ID =3;

（3）查询数据。当要查看某人信息时，可以通过 SELECT 语句查找符合指定条件的信息，如：

SELECT * FROM employee WHERE emp_ID > 2;

也可以只查询部门信息，比如想查找女雇员的姓名则可以通过以下语句实现：

SELECT emp_name FROM employee WHERE emp_sex = '女';

可以同时添加多个条件，中间用 AND 或者 OR 连接，比如：

SELECT * FROM employee WHERE emp_sex = '男' AND emp_age = 20;

SELECT * FROM employee WHERE emp_sex = '男' OR emp_age = 20;

使用 ORDER BY 语句可以使查询返回的结果按一列或多列排序，如下：

SELECT * FROM employee ORDER BY emp_age DESC;

其中，DESC 为降序排列，ASE 为升序。如果想要查询表中的所有信息，则使用语句：SELECT * FROM employee;在 MySQL 的查询中还有很多语句，限于篇幅不再一一介绍。

（4）删除数据。每个公司都会有员工离职，比如赵六离职了，需要把她从数据库中删除，可通过 DELETE 语句删除：DELETE FROM employee WHERE emp_name = '赵六';

6.4.3　MySQL 集合函数

1. 总数计算

要统计员工中有男员工多少名，可以通过 COUNT()函数实现，如下：

SELECT COUNT(*) FROM employee WHERE emp_sex = '男';

统计所有员工人数：SELECT COUNT(*) FROM `employee';

2. 平均值计算

有时，要对表中的某一字段求平均值，如想知道员工的平均年龄，就使用 AVG()函数：

SELECT AVG(emp_age) FROM employee;

注意：AVG()函数只能对数值型字段使用。

3. 字段求和

如要查询成绩总和，就用 SUM()函数：SELECT SUM(emp_age) FROM employee;

4. 最大值与最小值

通过 MAX()与 MIN()函数求最大值和最小值：

SELECT MAX(emp_age) FROM employee;

SELECT MIN(emp_age) FROM employee;

6.5 MySQL 与 PHP

6.5.1 连接与关闭数据库

在访问和处理数据库的数据之前，必须创建对数据库的连接。PHP 通过 mysql_connect()函数实现这个功能。语法是：

```
mysql_connect(servername,username,password)
```

其中，servername 是可选项，规定要连接的服务器，默认值是"localhost:3306"。username 是可选项，规定用户名，默认值是拥有服务器进程的用户名称。password 是可选项，规定用户密码，默认是空。

例如，在变量($con)中存放了在脚本中供稍后使用的连接。如果连接失败，将执行"die"的部分：

```
$con = mysql_connect("localhost","peter","abc123");
if (!$con)
  {
  die('Could not connect: ' . mysql_error());
  }
```

脚本一结束，就关闭连接。如需提前关闭连接，使用 mysql_close() 函数：

```
mysql_close($con);
```

die 不是 MySQL 所特有的函数，它只是简单地终止脚本（或其中的一部份），并返回所选择的字符串。

6.5.2 创建数据库和表

1. 创建数据库

语法：CREATE DATABASE database_name; 用于在 MySQL 中创建数据库，为了让 PHP 执行这类 SQL 语句，必须使用 mysql_query()函数，向 MySQL 连接发送查询或命令。

例如，创建名为"my_db"的数据库：

```
$con = mysql_connect("localhost","peter","abc123");
if (mysql_query("CREATE DATABASE my_db",$con))
if (!$con)
  {  die('Could not connect: ' . mysql_error());  }
  {  echo "Database created";  }
else
  {  echo "Error creating database: " . mysql_error();  }
mysql_close($con);
```

2. 创建表

语法：CREATE TABLE table_name (column_name1 data_type,...)

例如，创建名为"person"的表，此表有 3 列，"FirstName", "LastName"和"Age"：

```
//连接 MySQL，赋予$con; 创建数据库 my_db;
```

```
// Create table in my_db database
mysql_select_db("my_db", $con);
$sql = "CREATE TABLE person
(FirstName varchar(15),LastName varchar(15),Age int)";
mysql_query($sql,$con);
mysql_close($con);
```

在创建表之前，必须首先选择数据库。通过 mysql_select_db()函数选取数据库。

3. 主键和自动递增字段

每个表都应有主键，用于唯一标识表中的行，每个主键值在表中必须是唯一的。主键字段通常是 ID 号，使用 AUTO_INCREMENT 设置，不能为空（必须向该字段添加 NOT NULL 设置），以便数据库引擎用于对记录定位。主键字段要被编入索引，这样数据库引擎才能快速定位该键值所在的行。

下面例子把 personID 字段设置为主键字段。在新纪录被添加时逐一增加该字段的值。如下所示：

```
$sql = "CREATE TABLE person
(personID int NOT NULL AUTO_INCREMENT,
PRIMARY KEY(personID),
FirstName varchar(15),
LastName varchar(15),
Age int)";
mysql_query($sql,$con);
```

数据库名和数据表名的命名要规范，一般用英文单词或单词的组合。在组合时，用下划线或直接连接在一起。

6.5.3 插入数据记录

语法：INSERT INTO table_name VALUES (value1, value2,...)

或 INSERT INTO table_name (column1, column2,...) VALUES (value1, value2,...)

例如，向"Person"表添加两个新纪录：

```
//连接 MySQL;
//创建数据库 my_db 或选择数据库;
mysql_query("INSERT INTO person (FirstName, LastName, Age)
VALUES ('Peter', 'Griffin', '35')");
mysql_query("INSERT INTO person (FirstName, LastName, Age)
VALUES ('Glenn', 'Quagmire', '33')");
mysql_close($con);
```

创建 HTML 表单，用于把新纪录插入"Person"表：

```
<form action="insert.php" method="post">
Firstname: <input type="text" name="firstname" />
Lastname: <input type="text" name="lastname" />
```

```
Age: <input type="text" name="age" />
<input type="submit" />
</form>
```

当用户点击上例 HTML 表单中的提交按钮时，表单数据被发送到“insert.php”。“insert.php”文件连接数据库，并通过$_POST 变量从表单取回值。用 mysql_query()函数执行 INSERT INTO 语句，一条新记录会添加到数据库表中。下面是“insert.php”的代码：

```
//连接 MySQL;
//选择 my_db 数据库;
$sql="INSERT INTO person (FirstName, LastName, Age)
VALUES ('$_POST[firstname]','$_POST[lastname]','$_POST[age]')";
if (!mysql_query($sql,$con))
{
die('Error: ' . mysql_error());
}
echo "1 record added";
mysql_close($con);
```

6.5.4　选择数据记录

语法：SELECT column_name(s) FROM table_name;

显示表中的所有数据的语法：SELECT * FROM table_name;

统计表中的记录条数的语法：SELECT count(*) FROM table_name;

例如，选取存储在"Person"表中的所有数据（*字符表示选取表中所有数据）：

```
//连接 MySQL;
//选择 my_db 数据库;
$result = mysql_query("SELECT * FROM person");
while($row = mysql_fetch_array($result))
{
echo $row['FirstName'] . " " . $row['LastName'];
echo "<br />";
}
mysql_close($con);
```

上述例子中，在$result 变量中存放由 mysql_query()函数返回的数据，再用 mysql_fetch_array()函数以数组形式从记录集返回第一行，随后对 mysql_fetch_array()函数的调用都会返回记录集中的下一行。while loop 语句会循环记录集中的所有记录。为了输出每行的值，使用了 PHP 的$row 变量($row['FirstName']和$row['LastName'])。

以上代码输出结果如下：

Peter Griffin

Glenn Quagmire

在 HTML 表格中显示结果，下面选取的数据与上面例子相同，而将把数据显示在 HTML 表格中：

```
//连接 MySQL
//选择 my_db 库
$result = mysql_query("SELECT * FROM person");
echo "<table border='1'>
<tr>
<th>Firstname</th>
<th>Lastname</th>
</tr>";
while($row = mysql_fetch_array($result))
  {
  echo "<tr>";
  echo "<td>" . $row['FirstName'] . "</td>";
  echo "<td>" . $row['LastName'] . "</td>";
  echo "</tr>";
  }
echo "</table>";
mysql_close($con);
```

以上代码的输出：

Firstname	Lastname
Glenn	Quagmire
Peter	Griffin

1. 条件选择子句

如需选取匹配指定条件的数据，要向 SELECT 语句添加 WHERE 子句。

语法：SELECT column FROM table WHERE column operator value；

下面运算符与 WHERE 子句一起使用：

=(等于);!=(不等于);>(大于);<(小于);>=(大于或等于);<=(小于或等于);

BETWEEN(介于一个范围内);LIKE(搜索匹配的模式)

例如，将从"Person"表中选取所有 FirstName='Peter'的行：

```
//连接 MySQL，选择数据库 my_db
$result = mysql_query("SELECT * FROM person WHERE FirstName='Peter'");
while($row = mysql_fetch_array($result))
{
echo $row['FirstName'] . " " . $row['LastName'];
echo "<br />";
}
```

以上代码的输出：Peter Griffin

2. 排序子句

ORDER BY 关键词用于对记录集的数据进行排序。

语法：SELECT column_name(s) FROM table_name ORDER BY column_name

例如，选取"Person"表中存储的所有数据，并根据"Age"列对结果进行排序

```
//连接 MySQL，选择数据库 my_db
$result = mysql_query("SELECT * FROM person ORDER BY age");
while($row = mysql_fetch_array($result))
  {
  echo $row['FirstName'];
  echo " " . $row['LastName'];
  echo " " . $row['Age'];
  echo "<br />";
  }
mysql_close($con);
```

以上代码的输出：

Glenn Quagmire 33

Peter Griffin 35

升序或降序的排序：使用 ORDER BY 关键词排序，默认升序（1 在 9 之前，“a”在“p”之前）；若要降序，则使用 DESC 关键词来设定（9 在 1 之前，“p”在“a”之前）：

SELECT column_name(s) FROM table_name ORDER BY column_name DESC

根据两列进行排序，可以根据多个列进行排序。当按照多个列进行排序时，只有第一列相同时才使用第二列：

SELECT column_name(s) FROM table_name ORDER BY column_name1, column_name2

6.5.5 更新语句

语法：

UPDATE table_name SET column_name = new_value WHERE column_name = some_value

加入"Person"表的数据如下：

FirstName	LastName	Age
Peter	Griffin	35
Glenn	Quagmire	33

例如，更新"Person"表的数据：

```
$con = mysql_connect("localhost","peter","abc123");
if (!$con)
  {
  die('Could not connect: ' . mysql_error());
```

```
}
mysql_select_db("my_db", $con);
mysql_query("UPDATE Person SET Age = '36'
WHERE FirstName = 'Peter' AND LastName = 'Griffin'");
mysql_close($con);
?>
```

更新后，"Person"表中的数据如下：

FirstName	LastName	Age
Peter	Griffin	36
Glenn	Quagmire	33

6.5.6 删除语句

语法：DELETE FROM table_name WHERE column_name = some_value

下面例子删除"Person"表中所有 LastName='Griffin' 的记录：

```
//连接 MySQL；选择数据库 my_db;
mysql_query("DELETE FROM Person WHERE LastName='Griffin'");
mysql_close($con);
```

在删除之后，"Person"表中的数据如下：

FirstName	LastName	Age
Peter	Griffin	35

6.6 PHP 框架与模板

PHP 是一款优秀的开发工具，它可以简单，也可以复杂。不同项目应该使用不同 PHP 技术。利用上述 PHP 和 MySQL 知识可以实现许多功能，但问题是 HTML 和 PHP 代码混合，在编写大项目时也会显得力不从心。那么有没有更好的方法来解决这种问题呢？答案是肯定的，通过利用 PHP 模板与框架，会使开发 PHP 项目事半功倍。经验比较丰富的开发者会将数据从表示层分离，但通常不容易做到，需要精心地计划和不断地尝试。

框架是一种开发平台，可以理解成一种开发习惯，方便套用。框架则让这种分离变得容易，它提供了良好的稳定性和简洁性。利用框架可以写出高质量和清晰的代码，框架基于 MVC 的设计思想有助于把业务逻辑与 UI 分开，解除耦合；从而使得负责 UI 的美工与负责业务的程序员可以协作开发，提高了开发速度。框架不仅仅能提高开发效率，稳定性也是开发者使用框架的重要因素。同时，PHP 的框架也是可扩展的，并且有许多框架可供选择。

模板是供网站后台程序套用以生成前台风格的样本。

对小项目而言，应该应用简单而直接的 PHP。一般对于功能页面在 20 以下的网站，建议直接使用 PHP 编码，其优点是快速开发。

对于中型项目而言，应该使用 PHP 模板编写，使表现和编程分离，优点是快速开发，便于美工和程序员协作。

对于大型项目而言，应该使用结构优美的面向对象化的 PHP 和良好设计的框架，该框架基于 MVC 模型，封装底层操作。基于 MVC，强制性分开视图和业务数据处理。优点是快速开发，广泛地用于开发资源。

框架既然有如此多的优势，那么是不是做任何项目时都使用呢？当然不是。在开发小项目时，还是直接应用 PHP 编写效率更高；对于中型项目，采用模板引擎；对于大型项目，用框架来开发。

6.6.1 Smarty 模板引擎

Smarty 是 PHP 模板引擎，旨在分离 HTML 和 PHP 逻辑代码，以便 PHP 程序员和前端开发人员协作工作。

1. Smarty 简介

Smarty 是业界最著名、功能最强大的模板引擎。Smarty 拥有丰富的函数库，从统计字数到自动缩进、文字环绕以及正则表达式都可以直接使用，当然如果在此基础上还觉得不够，Smarty 还有很强的扩展能力，可以通过插件进行扩充。对于 Smarty 的使用者来说，程序里也不需要任何解析的动作， Smary 会自动去做；而且对于已经编译过的网页，如果模板没有改变，Smarty 会自动跳过编译的动作，直接执行编译过的网页，以节省编译的时间。

Smarty 的优点：采用 Smarty 编写的程序运行速度快；采用 Smarty 编写的程序在运行时要编译成非模板技术的 PHP 文件，这个文件采用了 PHP 与 HTML 混合的方式，在下一次访问模板时将 Web 请求直接转换到这个文件中，如果源程序没有改动则不再进行重新编译模板，使用后续的调用速度更快；Smarty 提供了可选择使用的缓存技术，可以将用户最终看到的 HTML 文件缓存成一个静态的页面，当开启 Smarty 缓存时，在设定的时间内将用户的请求直接转到这个静态文件中，这相当于调用一个静态的 HTML 页面。Smarty 模板引擎是采用 PHP 面向对象技术实现，不仅可以在源代码中修改，还可以自定义一些功能插件。在 Smarty 模板中能够通过条件判断以及迭代处理数据，它实际上就是一种程序设计语言，但语法简单，设计人员在不需要预备的编程知识前提下就可以很快学会。

Smarty 的缺点：需要实时更新的内容，例如股票显示，因为需要经常对数据进行更新，导致经常重新编译模板，所以这类型的程序使用 Smarty 会导致处理速度变慢。小项目因为项目简单而且美工、程序员兼于一人，使用 Smarty 会在一定程度上影响 PHP 的开发速度。

2. Smarty 使用方法

下载最新版本 Smarty 并安装。在根目录下建立新的目录 learn/，再在 learn/里建立一个目录 smarty/。将刚才解压缩出来的目录的 libs/拷贝到 smarty/里，再在 smarty/里新建 templates 目录，templates 里新建 cache/，templates/，templates 和_c/config/。新建模板文件 index.tpl，将此文件放在 learn/smarty/templates/templates 目录下，代码如下：

```
<!DOCTYPE HTML PUBLIC "-//W3C//DTDHTML 4.01
<html>
<head>
```

```
<metahttp-equiv="Content-Type" content="text/html;charset=gb2312">
<title>Smarty</title></head>
<body>{$hello}</body>
</html>
```

新建 index.php，将此文件放在 learn/下：

```
<?php//引用类文件
require 'smarty/libs/Smarty.class.php';
$smarty = new Smarty;//设置各个目录的路径，这里是安装的重点
$smarty->template_dir ="smarty/templates/templates";
$smarty->compile_dir ="smarty/templates/templates_c";
$smarty->config_dir = "smarty/templates/config";
$smarty->cache_dir ="smarty/templates/cache";
//smarty 模板有高速缓存的功能，如果这里是 true 的话即打开 caching，但是会造成网页不能立即更新的问题，当然也可以通过其他的办法解决：
$smarty->caching = false;
$hello = "Hello World!";//赋值
$smarty->assign("hello",$hello);//引用模板文件
$smarty->display('index.tpl');?>
```

执行 index.php 就能看到 Hello World!了。

在模板文件中需要替换的值用大括号{}括起来，值的前面还要加$号。例如{$hello}。这里可以是数组，比如{$hello.item1},{$hello.item2}… 而 PHP 源文件中只需要一个简单的函数 assign(var , value)。

简单例子：

```
*.tpl:
*.php:
$hello[name]= “Mr. Green”;
$hello[time]=”morning”;
$smarty->assign(“exp”,$hello);
output:
Hello,Mr.Green!Good morning
```

网站的网页一般 header 和 footer 是可以共用的，所以只要在每个 tpl 中引用它们就可以了。示例：

```
*.tpl:
{include file="header.tpl"}
{* body of template goes here *}
{include file="footer.tpl"}
```

由此可见，使用 PHP 模板引擎，有利于美工和程序员分工，使得网站维护和更新容易。缺点是影响性能和需要学习新语法。

6.6.2 MVC 介绍

1. MVC 简介

MVC 分别是 Model，View 和 Controller 的缩写，代表模型、视图、控制器，旨在实现 Web 系统的职能分工，Model 层实现系统中的业务逻辑层，View 层实现的是显示、直接与用户打交道，Controller 层是 Model 与 View 的桥梁，主要是实现响应用户的请求，选择适当的视图用于显示，并且可以解释用户的输入并将它们映射为 Model 层可执行的操作。

2. MVC 工作原理

MVC 是一种设计模式，将应用程序的输入、处理和显示分开，将其分为 3 个核心，使它们各自处理自己的任务，以便降低耦合度。

视图。视图是用户看到的应用程序界面，用户通过视图与应用程序进行交互。视图主要是由 HTML 元素构成的，一般用 Flash，XML，WML 或 XHTML 等标记语言实现。

在未使用 MVC 之前，通常将 PHP 与 HTML 混写；页面不但担负显示职责，还担负着处理逻辑的职责。在使用 MVC 之后，视图只是负责显示，只作为一种输出数据并允许用户操作的显示方式。

模型。模型主要是处理业务逻辑，在 MVC 的 3 层中，模型需要处理的业务是最多的。模型包括了应用程序的核心数据、逻辑关系以及计算功能，封装了所需要的数据，提供了完成数据处理的操作过程。

控制器。控制器则是接受用户的输入与请求，然后调用模型和视图去完成用户的需求。当单击界面上的链接以及提交表单时，控制器本身不会有任何的输出也不会作任何的处理，它只通过用户的请求决定调用哪个模型去处理请求，然后用哪个视图来显示返回的数据。

3. MVC 的优缺点

MVC 的优点主要表现在以下几方面：

（1）低耦合性。显示层与业务层分离。当改变显示层代码时，不需要重新编写业务层的代码和控制器代码；同样，当程序的流程或者规则改变时，也只需要改变业务层，从而降低了程序的耦合性。

（2）重用性高以及可适用性强。随着新设备如手机的出现，可能需要其来访问应用程序。如果为此构建两个应用程序显然是不合算的，因为虽然计算机和手机两种设备的显示方式不同，但是业务逻辑是相同的，所以只需重新构建显示层，而不需要重新构建模型层和控制层。

（3）可维护性强。业务和视图分离开后，也会使得维护更加方便，修改更加容易。

（4）开发效率高。使用 MVC 可以缩短开发时间，程序员可以集中精力于业务层，而前端开发人员集中精力于表现形式上。

MVC 的缺点主要表现在以下几方面：理解难度大，完全理解 MVC 并不容易；使用 MVC 需要精心计划，它的内部结构比较复杂，需要花时间去思考；不适合小项目程序，如何应用 MVC 需要规划和思考，对小型项目而言得不偿失；视图访问模型效率低，由于模型操作接口的不同，视图需要多次调用才能获得足够的数据，对未变化的一些数据频繁的访问会造成系统性能降低。

6.6.3 常用框架简介

通过提供开发 Web 程序的基本架构，PHP 开发框架把 PHP Web 程序开发布局成了流水线。换句话说，PHP 开发框架有助于促进快速软件开发（RAD），这节约了开发时间，有助于创建更稳定的程序，并减少开发者重复编写代码的劳动。PHP 开发框架使得开发者花更多时间去创造真正的 Web 程序，而不是编写重复性代码。下面将介绍一些目前比较流行的 PHP 框架。

Yii 是一个基于组件、用于开发大型 Web 应用的高性能 PHP 框架。Yii 采用严格的 OOP 编写，有完全的库引用以及全面的教程。它将 Web 编程中的可重用性发挥到了极致，能够显著加速开发进程。Yii 是一个通用 Web 编程框架，能够适合任何类型的 Web 应用，它虽然是轻量级的，但是装配了很好很强大的缓存组件，尤其适合开发大流量的应用，比如论坛、门户等。Yii 是基于 MVC 的框架，它以优异的性能、丰富的功能、清晰的文档相对于其他框架要优秀。

CodeIgniter 是一个应用开发框架，是为建立 PHP 网站所设计的工具包，其目标就是快速开发项目。它提供了丰富的组件来完成常见的任务，其界面简单，使用富有条理性的架构来访问这些库。CodeIgniter 可以为开发者节省大量编码时间，从而可以使开发者在项目中注入更多的创造力。CodeIgniter 配置简单，全部使用 PHP 脚本来配置，执行效率高，具有基本的路由功能以及基本的 MVC 功能，同时快速简洁，容易上手。但是，CodeIgniter 的框架略显简单，只能够满足小型应用。

CakePHP 是最类似于 RoR 的框架，包括设计方式，数据库操作的 Active Record 方式。设计层面很优雅，没有多余的 library，所有的功能都是纯粹的框架，齿形效率也不错，数据库层功能强大，对于复杂的业务处理比较合适，适合中型应用，而且其文档比较全，在国内推广得比较成功。不过 CakePHP 把 Model 理解为数据库层操作，严重影响了除数据之外的操作能力。

Zend 是官方出品的，自带了非常多的 library，框架本身使用了很多的设计模式来编写，架构很优雅，执行效率中等，配置文件比较强大，能够处理 XML 和 PHP INI。各种 library 很强大，是所有 PHP 框架中功能最全面的。这是它的主要特色，能够直观地支持除数据库操作外的 Model 层，并且能够很容易地使用 Loader 功能加载新增加的 Class，Cache 功能强大，同时在国内拥有成熟的社区，文档很全。不过其 MVC 功能完成得比较弱，View 层实现太简单，无法很强大地控制前端页面，并且没有自动化脚本，所以创建应用时需自己手工构建，入门成本高。

TinkPHP 是国内的一个免费开源的面向对象的轻量级框架，遵循 Apache2 开源协议，是为了简化企业级应用和敏捷的 Web 应用开发而诞生的。Tink PHP 借鉴了国外很多优秀框架和模式，融合了 Struts 的 Action 思想和 JSP 的标签库、RoR 的 ORM 映射和 ActiveRecord 模式，封装了 CURD 和一些常用操作，单一入口模式等，在模板引擎、缓存机制、认证机制和扩展方面均有独特的表现。同时由于其是一个国内的框架，所以上手更加容易，不过相对于国外一些优秀的框架而言功能略显简单。

习题

1. 指出 echo()，print()和 print_r()的区别。
2. 面向对象的本质是什么？
3. 请写出 PHP5 权限控制修饰符。
4. 如何实例化一个名为“myclass”的对象？
5. mysql_fetch_row() 和 mysql_fetch_array 有什么区别？
6. 简述 MVC 原理。

第 7 章 JSP 动态页面语言基础

7.1 JSP 技术简介

JSP 是 Java Server Papes（Java 服务器页面）的缩写，它是由 Sun Microsystems 公司倡导，众多公司参与建立的一种动态网页技术标准。JSP 是一种实现普通静态 HTML 和动态 HTML 混合编码的技术，用于编写包含诸如 HTML，DHTML，XHTML 和 XML 等含有动态生成内容的 Web 页面的应用程序。有关 Java 语言的知识，可参见《Java 语言入门》（Patrick Niemeyer）和《Java 编程思想》（埃克尔，2007）。

JSP 技术功能强大，使用灵活，为创建显示动态 Web 内容的页面提供了简捷而快速的方法。JSP 技术旨在使构造基于 Web 的应用程序更加容易和快捷，而这些应用程序能够与各种 Web 服务器、Web 应用服务器、浏览器和开发工具共同工作。通过例 7-1 可以初见 JSP 页面的端倪。

例 7-1：简单 JSP 页面的代码。

```
L1. < %@page language="java"% >
L2. <HTML>
L3. <HEAD>
L4. <title>Hello World!</title>
L5. </HEAD>
L6. <body bgcolor="#FFFFFF">
L7. <%String msg="This is a JSP Example.";
L8. out.println("Hello World!");
L9. %>
L10.<%=msg%>
L11.</body>
L12.</HTML>
```

行 L1 是 JSP 的 page 指令，定义整个页面的类型、采用的语言等。行 L6～L10 是 JSP 代码，熟悉 Java 语言的读者可以看出，这几行用来向浏览器输出字符串“Hello World! This is a JSP Example.”，其余部分则是大家熟悉的静态 HTML 部分。

由于本书针对 Web 应用设计初学者讲述标记语言，所以本章对于 JSP 技术的介绍只能属于概述性质，对于 JSP 技术有兴趣的读者可以阅读本章列出的参考书籍。

7.1.1 JSP 页面的执行过程

JSP 页面执行的过程可以描述为以下四个步骤：

（1）用户请求 JSP 页面（HTTP 请求）。

（2）Web server 中的 servlet 容器发现 URL 中有 JSP 后缀，就调用 JSP 容器来处理。

（3）如果此页面是第一次被请求，JSP 容器要定位 JSP 页面文件并解释它，解释的过程包括：将 JSP 源文件处理成 servlet 代码（Java），以及编译 Java 文件生成 servlet 的 class 文件。

（4）JSP 容器运行页 JSP 页面实例，此时 servlet（即 JSP 页面实例）就会显示 HTTP 请求，生成对应的 HTTP 响应并传回给客户端。

如果此页面不是第一次被请求，则跳过（3），直接跳到（4）。

7.1.2 JSP 的特点

JSP 具有如下特点：

第一，把应用程序内容与页面显示分离。Web 页面开发人员可以使用 HTML 或者 XML 标识来设计和格式化最终页面。使用 JSP 标识或者小脚本来产生页面上的动态内容。产生内容的逻辑被封装在标识和 JavaBeans 群组件中，并且捆绑在小脚本中，所有的脚本在服务器端执行。在服务器端，JSP 引擎解释 JSP 标识，产生所请求的内容，并且将结果以 HTML 页面的形式发送回浏览器。

第二，“一次编写，到处运行”。JSP 页面的内置脚本语言是基于 Java 编程语言的，而且所有的 JSP 页面都要被编译成为 Servlet，也就是说它与设计平台完全无关，能够一次编写，到处运行。

第三，强调可重用组件。绝大多数 JSP 页面依赖于可重用的、跨平台的组件（JavaBeans 或者企业版的 JavaBeans 组件）来执行应用程序中所要求的更为复杂的处理。

第四，采用标记简化页面的开发。JSP 技术封装了许多功能，这些功能是在与 JSP 相关的 XML 标记中进行动态内容生成时所必需的。标准的 JSP 标记能够访问和实例化 JavaBean 组件，设置或者检索组件属性，下载 Applet 以及执行用其他方法更难于编码和耗时的功能。

7.1.3 JSP 与其他动态网页开发技术的比较

表 7-1 列出了 JSP，ASP 和 PHP 这 3 种流行的动态页面技术进行比较。回圈性能测试是指执行完给定次数的某循环语句所需要的时间，例如表格中 JSP 对应的内容是指执行 20000*20000 次循环需要 4 秒。Oracle 数据库测试是指执行 1000 次数据库基本操作所需要的时间。

表 7-1　3 种动态页面技术的比较

比较项目	ASP	PHP	JSP
脚本语言	Vbscript，Jscript	PHP 语言	Java
执行引擎	微软 COM 对象	PHP 引擎	Java 虚拟机
跨平台特件	只支持 IIS	跨平台	跨平台（优于 PHP）
回圈性能测试	2000*2000 ，63s	2000*2000 ，84s	20000*20000 ，4s
Oracle 数据库测试	74s	69s	13s
数据库接口	ODBC	不同数据库则不同	JDBC
规模支持	ActiveX	缺乏	EJB

由于具有以上特性和一些免费平台以及中间件，JSP 应该是未来发展的趋势。世界上大多大型电子商务解决方案提供商都采用了 JSP/Servlet 技术。国外比较著名的如 IBM 的 E-business，它的核心是采用 JSP/Servlet 的 Web Sphere。我国的大型银行如工商银行、交通银行、建设银行以及电子商务网站（如淘宝）的开发都采用了 JSP 技术。

7.2 JSP 开发环境搭建

7.2.1 工具简介

针对初学者而言，要在单机上进行 JSP 页面开发和测试，至少需要如下几种工具：

（1）JDK。JDK(Java Development Kit)是 Sun Microsystems 公司针对 Java 开发的产品。自从 Java 推出以来，JDK 已经成为使用最广泛的 Java SDK。JDK 是整个 Java 的核心，包括了 Java 运行环境、Java 工具和 Java 基础的类库。

（2）支持 JSP 的 Web 服务器。目前有 Apache 和 Tomcat，IIS 不能直接解析 JSP 页面，需要安装第三方插件。本书使用的是 Tomcat 6.0。

（3）JSP 页面编辑工具。技术娴熟的程序员可以直接使用通用的文本编辑工具编写 JSP 页面。目前市面上有一些流行的支持 JSP 页面编辑的工具如 VisualAge，JBuilder，NetBeans，JRun，Urledit，Dreamweaver，EditplusEclipse，它们能够支持快速页面开发，具体的技术可以参看这些工具的技术支持文档。其中 Eclipse 是一个免费开源的工具。

7.2.2 JDK 的安装与配置

第一步，浏览 Sun 公司的官方网址（http://java.sun.com/javase/downloads/index.jsp），下载 JDK，注意下载版本为 Windows Offline Installation 的 JDK，同时最好下载相关文档。

第二步，执行 JDK 的安装程序，按默认设置进行安装即可。

第三步，在我的电脑→属性→高级→环境变量→系统变量中添加以下环境变量(假定 JDK 安装在 C: \jdk1.6.0_10)：

JAVA_HOME= C: \jdk1.6.0_10

classpath=.;%JAVA_HOME%\lib\dt.jar;%JAVA_HOME%\lib\tools.jar;（.;一定不能少，因为它代表当前路径）。

path=%JAVA_HOME%\bin

第四步，测试。利用 example1.java 测试 JDK 的过程如下：

用记事本编辑以下代码段，保存为 example1.java：

```
public class example1{
public static void main(String args[]){
System.out.println("This is a test program.");
}
}
```

在命令行中输入 javac example1.java，回车。

第二步成功后输入 java example1，回车，如果 JDK 安装配置成功屏幕上会输出“This

is a test program.”。

7.2.3　Tomcat 的安装与配置

第一步，浏览 Tomcat 官方站点（http://tomcat.apache.org/download-60.cgi），下载 Tomcat（下载较稳定的 6.0.x 版本的 Tomcat）。

第二步，执行 Tomcat 的安装程序，按默认设置进行安装即可。

第三步，在我的电脑→属性→高级→环境变量→系统变量中添加以下环境变量(假定 Tomcat 安装在 C:\Tomcat6)：

```
CATALINA_HOME=C:\Tomcat6;
CATALINA_BASE=C:\Tomcat6;
```

然后修改环境变量中的 Classpath，把 Tomcat 安装目录下的 Common\lib 下的 Servlet.jar 追加到 Classpath 中去，修改后的 Classpath 如下：

```
classpath=.;%JAVA_HOME%\lib\dt.jar;%JAVA_HOME%\lib\tools.jar;%CATALINA_HOME%\common\lib\Servlet.jar;
```

第四步，启动 Tomcat，在 IE 中访问 http://localhost:8080，如果看到 Tomcat 的欢迎页面就说明安装成功了。8080 为 Tomcat 使用的端口，可以在配置文件 Tomcat 目录下的 conf\server.xml 进行修改。

7.2.4　JSP 页面实例

要使计算机能够执行 JSP 页面，还需要建立自己的工作目录，步骤如下：

第一步，到 Tomcat 的安装目录的 webapps 目录中可以看到 ROOT，examples, Tomcat-docs 之类 Tomcat 自带的目录。

第二步，在 webapps 目录下新建一个目录，命名为 myapp。

第三步，myapp 下新建一个目录 WEB-INF，注意，目录名称是区分大小写的。

第四步，在 WEB-INF 下新建文件 web.xml（可从 examples 目录的 webapp 下拷贝过来用）。

在目录 myapp 下新建测试用的 JSP 页面，文件名为 test.jsp，文件内容如下：

```
<html>
    <body>
        <center>
        Now time is: <%=new java.util.Date()%>
        </center>
    </body>
</html>
```

重启 Tomcat，打开浏览器，输入 http://localhost:8080/myapp/test.jsp，如果在浏览器中看到当前时间，则说明 Tomcat 安装配置成功了。

7.3　JSP 基本语法

7.3.1　JSP 页面元素

JSP 页面文件以.jsp 为扩展名，除了普通 HTML 代码之外，嵌入 JSP 页面的其他成分如表 7-2 所示，从下节起逐步进行介绍。

表 7-2　JSP 页面的成分

成分	语法格式
指令	<%@ 指令%>
动作	<jsp:动作>
声明	<%! 声明%>
表达式	<%= 表达式%>
代码段/脚本段	<% 代码段%>
注释	<%-- 注释--%>

7.3.2 注释

可以在 HTML 注释中加入表达式，语法格式为：

```
<!-- comment [ <%= expression %> ] -->
```

这种注释发送到客户端，但不直接显示，在源代码中可以查看到。例 7-2 是不包含表达式的一个注释的例子，例 7-3 中的注释中包含了表达式。

例 7-2：不包含表达式的注释。

```
<html>
<head>
<title> HTML 注释 </title>
</head>
<body>
  <!-- This file displays the user login screen -->
    未显示上一行的注释。
</body>
</html>
```

例 7-3：包含表达式的 HTML 注释。

```
<html>
<head>
<title>要多加练习</title>
</head>
<body>
<!--This page was loaded on <%= (new java.util.Date()).toLocaleString() %>   -->
在源文件中包括当前时间。
```

```
</body>
</html>
```

标准的 JSP 注释的格式是：<%-- 注释 --%>

这种注释标记的字符会在 JSP 编译时被忽略掉，标记内的所有 JSP 脚本元素、指令和动作都将不起作用。JSP 编译器是不会对注释符之间的语句进行编译的，它不会显示在客户的浏览器中。例 7-4 是一个说明 JSP 注释的例子。

例 7-4：标准 JSP 注释。

```
<html>
<head>
<title>A Comment Test</title>
</head>
<body>
<h2>A Test of Comments</h2>
<%-- This comment will not be visible in the page source --%>
</body>
</html>
```

7.3.3 声明

声明用于定义 JSP 程序用到的变量和方法，语法格式是：

```
<%! declaration; [declaration;]+ ... %>
```

声明必须遵守规则：必须以";"结尾。可以直接使用在<% @ page %>中被包含进来的已经声明的变量和方法。一个声明仅在一个页面中有效。如果想每个页面都用到一些声明，最好把它们写成一个单独的文件，然后用<%@ include %>或<jsp:include >元素包含进来。

例 7-5 的行 L7，L8，L9 声明了 4 个整形变量 i，a，b，c 和一个日期型变量 date，并给 i 赋值 0。

例 7-5：声明的例子。

```
L1.  <%@ page language="java" import="java.util.*" %>
L2.  <html>
L3.  <head>
L4.  <title> test2.4.jsp </title>
L5.  </head>
L6.  <body>
L7.  <%! int i = 0; %>
L8.  <%! int a, b, c; %>
L9.  <%! Date date; %>
L10. </body>
L11. </html>
```

7.3.4　表达式

表达式元素表示在脚本语言中被定义的表达式，在运行后被自动转化为字符串，然后插入到这个表达式在 JSP 文件的位置进行显示，语法格式为：

```
<%= expression %>
```

表达式必须遵守规则：不能用分号（；）来作为表达式的结束符。有时候表达式也能作为其他 JSP 元素的属性值。表达式能够变得很复杂，它可能由一个或多个表达式组成，这些表达式的顺序是从左到右。

例 7-6：表达式的例子。

```
<%@ page language="java" import="java.util.*" %>
<html>
<head>
<title> test </title>
</head>
<body>
<center>
<%! Date date=new Date(); %>
<%! int a, b, c; %>
<% a=12;b=a; c=a+b;%>
<font color="blue">
<%=date.toString()%>
</font> <br>
<b>a=<%= a %></b><br>
<b>b=<%= b %></b><br>
<b>c=<%= c %></b><br>
</center>
</body>
</html>
```

7.3.5　脚本段

脚本段(scriptlet)包含多个 JSP 语句、方法、变量和表达式，利用 scriptlet 可以声明将要用到的变量或方法（参考声明），编写 JSP 表达式（参考表达式），使用任何隐含的对象和任何用<jsp:useBean>声明过的对象，编写 JSP 语句。scriptlet 语法格式为：

```
<% code fragment %>
```

使用规则是：语句必须遵从 Java Language Specification。任何文本、HTML 标记、JSP 元素必须在 scriptlet 之外。

例 7-7：　scriptlet 的使用。

```
<%@ page language="java" import="java.util.*" %>
<%! int condition;%>
```

```
<html>
    <head>
    <title> test </title>
    </head>
    <body>
<%
        condition=1;
        switch(condition){
            case 0:
            out.println("You must select condition 0!"+"<br>");
            break;
            case 1:
            out.println("You must select condition 1!"+"<br>");
break;
        case 2:
         out.println("You must select condition 2!"+"<br>");
         break;
        default:
         out.println("Your select not in \"0,1,2\",select again!!"+"<br>");
        }
    %>
    </body>
</html>
```

7.3.6 JSP 指令

JSP 指令是 JSP 的引擎，由<%@ ?%>标记。它们不直接产生任何可视的输出，只是指示引擎对剩下的 JSP 页面需要做什么。本书介绍 include，page 和 taglib。

include 用于向当前页插入另一个文件内容，语法格式如下：

```
<%@ include file="relativeURL" %>
```

例 7-8：指令的例子。

```
<html>
    <head>
    <title>test</title>
    </head>
    <body bgcolor="white">
    <font color="blue">
    The current date and time are
    <%@ include file="included.jsp"%>
    </font>
```

```
    </body>
</html>
```

included.jsp 文件的代码仅有一行：<%=(new java.util.Date()%>

如果浏览器向服务器请求 include.jsp 页面，服务器直接将 included.jsp 内容插入到<%@ include file="included.jsp" %>的位置，然后再解析 include.jsp。

page 指令用于定义 JSP 文件中的全局属性，JSP 语法格式如下：

```
<%@ page
[ language="java" ]
[ extends="package.class" ]
[import="{package.class | package.*},..." ]
[ session="true | false" ]
[ buffer="none | 8kb | sizekb" ]
[ autoFlush="true | false" ]
[ isThreadSafe="true | false" ]
[ info="text" ]
[ errorPage="relativeURL" ]
[ contentType="mimeType
        [;charset=characterSet]" | "text/html
        ; charset=ISO-8859-1" ]
[ isErrorPage="true | false" ]
%>
```

下面分别介绍几个常用属性：

language 用于声明脚本语言的种类，目前只能用"Java" 。

import="{package.class | package.* },..."用于说明需要导入的 Java 包的列表，这些包作用于程序段、表达式以及声明。下面的包在 JSP 编译时已经导入了，所以就不需要再指明了： java.lang.* javax.servlet.* javax.servlet.jsp.* javax.servlet.http.* 。

errorPage="relativeURL"用于设置处理异常事件的 JSP 文件。

isErrorPage="true | false"用于设置此页是否为出错页，如果被设置为"true"。就能使用 exception 对象。

page 指令的使用必须符合以下规则：

<%@ page %>指令作用于整个 JSP 页面，包括静态的包含文件。但是"<%@ page %>"指令不能作用于动态的包含文件，如 "<jsp:include>"。

可以在一个页面中使用多个<%@ page %>指令，但是其中的属性只能用一次，不过也有例外，那就是 import 属性。因为 import 属性和 Java 中的 import 语句类似(参照 Java Language，import 语句引入的是 Java 语言中的类)，所以此属性就能多用几次。

无论把<%@ page %>指令放在 JSP 文件的哪个地方，它的作用范围都是整个 JSP 页面。不过，为了 JSP 程序的可读性以及好的编程习惯，最好还是把它放在 JSP 文件的顶部。

例 7-9：page 指令的使用。

```
L1. <%@ page import="java.util.*, java.lang.*" %>
L2. <%@ page buffer="24kb" autoFlush="false" %>
L3. <%@ page errorPage="error.jsp" %>
L4. <html>
L5. <head>
L6. <title>test3</title>
L7. </head>
L8. <body>
L9. Test for using 'Page'
L10. </body>
L11. </html>
```

L1 行中的 page 指令导入了包 java.util.*, java.lang.*，L2 行中的 page 指令指定了缓冲区的大小是 24 kb，并规定缓冲区满后不进行自动清空，导入了包 java.util.*, java.lang.*，L3 行指定了处理异常事件的 JSP 文件。

taglib 指令用于引入标签库（按照 JSP 标签的规范写成）具有的属性：①uri="URIToTagLibrary"。Uniform Resource Identifier (URI)根据标签的前缀对自定义的标签进行唯一的命名。②prefix="tagPrefix"。作用有：表示标签在 JSP 中的名称。在自定义标签之前的前缀，比如，在<public:loop>中的 public，如果这里不写 public，那么这就是不合法的。请不要用 jsp，jspx，java，javax，servlet，sun 和 sunw 作为前缀，这些已被 Sun 公司声明保留。

7.3.7 JSP 动作

利用 JSP 动作可以动态地插入文件，重用 JavaBean 组件，把用户重定向到另外的页面，为 Java 插件生成 HTML 代码。JSP 动作包括：

jsp:include：在页面被请求的时候引入一个文件。

jsp:useBean：寻找或者实例化一个 JavaBean。

jsp:setProperty：设置 JavaBean 的属性。

jsp:getProperty：输出某个 JavaBean 的属性。

jsp:forward：把请求转到一个新的页面。

jsp:plugin：根据浏览器类型为 Java 插件生成 OBJECT 或 EMBED 标记。

1. <jsp:forward>

“<jsp:forward>”标签从一个 JSP 文件向另一个文件传递一个包含用户请求的 request 对象。“<jsp:forward>”标签以后的代码，将不能执行。JSP 语法格式如下：

```
①<jsp:forward page={"relativeURL" | "<%= expression %>"} />
②<jsp:forward page={"relativeURL" | "<%= expression %>"} >
    <jsp:param  name="parameterName"  value="{parameterValue | <%= expression %>}" />
        [<jsp:param … />]
```

```
</jsp:forward>
```

<jsp:forward>常用的属性有：

page="{relativeURL | <%= expression %>}" 。这里是一个表达式或是一个字符串用于说明将要定向的文件或 URL。这个文件可以是 JSP、程序段或者其他能够处理 request 对象的文件(如 asp，cgi，php)。

<jsp:param name="parameterName" value="{parameterValue | <%= expression %>}" />。向一个动态文件发送一个或多个参数，这个文件必须是动态文件。如果想传递多个参数，可以在一个 JSP 文件中使用多个"<jsp:param>"；"name"指定参数名，"value"指定参数值。

例 7-10：<jsp:forward>的使用。

第一个页面的文件名为"foword.jsp"，文件中使用了<jsp:forward>跳转到第二个页面 fowordTo.jsp，并且传递了一个参数 name 和它的 value。

```
<!--forward.jsp-->
<%@ page contentType="text/html;charset=gb2312" %>
<html>
    <head>
        <title>test</title>
    </head>
    <body>
        <jsp:forward page="forwardTo.jsp">
            <jsp:param name="userName" value="riso"/>
        </jsp:forward>
    </body>
</html>
<%@ page contentType="text/html;charset=gb2312" %>
<!--forwardTo.jsp-->
<%
    String useName=request.getParameter("userName");
    String outStr= "谢谢光临！";
    outStr+=useName;
    out.println(outStr);
%>
```

如果浏览器向服务器请求 forword.jsp 页面，服务器先解析 forward.jsp。到达<jsp:forward page="forwardTo.jsp">的时候，跳转到页面 forwardTo.jsp，并向其传递参数 name，值为"riso"。向浏览器响应的是 forwardTo.jsp 解析的结果。

2. <jsp:include>

<jsp:include>用于包含一个静态或动态文件，JSP 语法格式如下：

```
<jsp:include page="{relativeURL | <%=expression%>}"  flush="true" />
```

```
<jsp:include page="{relativeURL | <%=expression %>}"    flush="true" >
  <jsp:param name="parameterName" value="{parameterValue | <%=expression %>}" />
  [<jsp:param…/>]
```

<jsp:include>常用的属性有：

page="{relativeURL | <%=expression %>}" 。参数为一相对路径或者是代表相对路径的表达式。

flush="true" 。这里必须使用 flush="true"，不能使用 false 值，而缺省值为 false。

<jsp:param name="parameterName" value="{parameterValue | <%= expression %> }" /> "<jsp:param>"用来传递一个或多个参数到指定的动态文件，能在一个页面中使用多个"<jsp:param>"来传递多个参数。

例 7-11：<jsp:include>的使用。

页面 include.jsp 中使用了 inlclude 动作元素，动态包含 inluded.jsp 页面。

```
<!--include.jsp-->
<html>
<head>
    <title>include.jsp</title>
</head>
<body>
<jsp:include page="included.jsp" flush="true" >
<jsp:param name="User" value="HiFi King" />
</jsp:include>
</body>
</html>
<!--included.jsp-->
<%
String username;
username=request.getParameter("User");
out.println("Username is "+username+"<br>");
%>
```

当浏览器请求第一个页面时，解析器到达<jsp:include page<jsp:include page="included.jsp" flush="true" >，向 included.jsp 传递参数并解析，将解析的结果插入到 include.jsp 的 include 元素的位置，最后向浏览器响应的是第一个页面解析的结果。

7.4 JSP 内置对象

JSP 有以下 9 种内置对象，包括：请求对象（request）、响应对象（response）、页面上下文对象（pageContext）、会话对象（session）、应用程序对象（application）、输出对象（out）、配置对象（config）、页面对象（page）和例外对象（exception）。

从本质上讲，JSP 的这些内置对象其实都是由特定的 Java 类所产生的，在服务器运行时根据情况自动生成，所以如果有较好的 Java 基础，可以参考相应的类说明，表 7-3 给出了它们的对应关系。

表 7-3　JSP 内置对象

对象名	类型	作用域
Request	javax.servlet.ServletRequest 的子类	Request
Response	javax.servlet.ServletResponse 的子类	Page
pageContext	javax.servlet.jsp.PageContext	Page
Session	javax.servlet..http.HttpSession	Session
Application	javax.servlet.ServletContext	Application
Out	javax.servlet.jsp.JspWriter	Page
Config	javax.servlet.ServletConfig	Page
Page	Java.lang.Object	Page
Exception	Java.lang.Throwable	Page

有几种对象看起来和 ASP 的内置对象差不多，功能也类似，这是因为这些内置对象的构建基础是标准化的 HTTP 协议。如果使用过 ASP，又对 Java 有一定的了解的话，那么对这几种 JSP 内置对象的使用应该能迅速掌握。需要注意的问题是对象名的写法，包括这些对象方法的调用时也要书写正确，因为 Java 语言本身是大小写敏感的。本书重点介绍 request，response，session，application。

7.4.1　request 和 response

"request" 对象代表的是来自客户端的请求，例如我们在 FORM 表单中填写的信息等，是最常用的对象。关于它的方法使用较多的是 getParameter，getParameterNames 和 getParameterValues，通过调用这几个方法来获取请求对象中所包含的参数的值。

"response" 对象代表的是对客户端的响应，也就是说可以通过"response"对象来组织发送到客户端的数据。但是由于组织方式比较底层，所以不建议普通读者使用，需要向客户端发送文字时直接使用"out" 对象即可。

例 7-12：　request 的使用。

本例有两个页面，submit.html 用来输入信息，Hello_req.jsp 用来获取前者 request 及其所包含的变量。

```
<!—submit.html-->
<html><body>
   <form action="./Hello_req.jsp">
      姓名<input type="text" name="UserName">
      <input type="submit"    value="提交">
   </form>
</body></html>
```

```
<!— Hello_req.jsp -->
<%@ page contentType="text/html;gb2312" %>
<%@ page import="java.util.*" %>
<HTML>
  <BODY>
    你好,
   <%! String Name;%>
   <%
     Name=request.getParameter("UserName");
   %>
   <%=Name%>,
   今天是
   <%
     Date today=new Date();
   %>
     <%=today.getDate()%>号，星期<%=today.getDay()%>
  </BODY>
</HTML>
```

7.4.2 session

"session" 对象代表服务器与客户端所建立的会话，需要在不同的 JSP 页面中保留客户信息的情况下使用，比如在线购物、客户轨迹跟踪等。"session" 对象建立在 cookie 的基础上，所以使用时应注意判断客户端是否打开了 cookie。常用方法包括 getId，getValue，getValueNames 和 putValue 等。

"session"的使用，需要注意以下几点：HTTP 是无状态（stateless）协议；Web Server 对每一个客户端请求都没有历史记忆；session 用来保存客户端状态信息；由 Web Server 写入；存于客户端；客户端的每次访问都把上次的 session 记录传递给 Web Server；Web Server 读取客户端提交的 session 来获取客户端的状态信息。

例 7-13：session 的使用。

本例有 3 个页面，submit.html 用来输入信息，Logon_session.jsp.jsp 用来获取前者的 request 及其所包含的变量，check_session.jsp 用来检测 session 对象及其所包含的变量。

```
<!—submit.html-->
<html><body>
  <form action="./Logon_session.jsp">
    姓名<input type="text" name="UserName">
    <input type="submit"   value="提交">
  </form>
</body></html>
<!—Logon_session.jsp-->
```

```
<%@page contentType="text/html;gb2312" %>
<%@page import="java.util.*" %>
<HTML>
  <BODY>
  <%
    String Name=request.getParameter("UserName");
    session.putValue("LogName", Name);
  %>
  你的名字"<%=Name%>"已经写入 session
  <br>
  <a href='./check_session.jsp'>check</a>
  </BODY>
</HTML>
<!-- check_session.jsp -->
<%@page contentType="text/html;gb2312" %>
<HTML><BODY>
  <%
    String yourName=(String)session.getValue("LogName");
    if (yourName= =null)
    {
    %>您还未登录
    <%
    }else
    {
    %>
    "<%=yourName%>"已经登录
    <%
    }
  %>
</BODY></HTML>
```

7.4.3　pageContext，application，config，page，exception

“pageContext” 对象直译时可以称作“页面上下文”对象，代表当前页面运行的一些属性，常用方法包括 findAttribute，getAttribute，getAttributesScopc 和 getAttributeNamesInScope，一般情况下“pageContext” 对象用到的不是很多，只有在项目所面临的情况比较复杂时才会利用页面属性来辅助处理。

“application” 对象提供应用程序在服务器中运行时的一些全局信息，常用的方法有 getMimeType 和 getRealPath 等。

“config” 对象提供配置信息，常用的方法主要有：getInitParameter 和

getInitParameterNames，以获得 Servlet 初始化时的参数。

"page" 对象代表了正在运行的由 JSP 文件产生的类对象，不建议一般读者使用。

"exception" 对象则代表了 JSP 文件运行时所产生的例外对象，此对象不能在一般 JSP 文件中直接使用，而只能在使用了<%@ page isErrorPage="true "%>的 JSP 文件中使用。

7.5 变量的范围

JSP 中变量的定义范围有：页面范围（page），请求范围（request），会话范围（session）和应用程序范围（application）。下面一一进行介绍。

7.5.1 page 级别

page 级别的对象存放于 pageContext 对象里，只在当前页面的范围内有效。当前页面执行完毕，该页面的所有 page 级别的对象都将消失。

例 7-14：page 变量范围的验证。

例子中有两个页面：

```
<!—page.jsp-->
<%
int i =1;
pageContext.setAttribute("count",i);
%>
i=<%=i%>
<a href = "page1.jsp" target = blank>检查 page 级别的变量能否在页面间传递</a>
 <!—page1.jsp-->
<%= pageContext.getAttribute("count")%>
```

7.5.2 request 级别

request 级别的对象存放在 request 对象里，在这个范围存放的对象可被一次请求里的所有 JSP，Servlet 共享，当请求结束后该范围的对象全部消失。

例 7-15：request 级别变量范围的验证。

有两个页面：

```
<!—request.jsp-->
<%
int i =1;
request.setAttribute("count",i);
%>
i=<%=i%>
<a href = "request1.jsp" target = blank>检查 request 级别的变量能否在页面间传递</a>
<!—request1.jsp-->
<%= request.getAttribute("count")%>
```

7.5.3 session 级别

session 级别的对象存放在 session 对象里，在这个范围存放的对象可被一次会话里的所有 JSP，Servlet 等共享，当会话结束后该范围的对象全部消失。

例 7-16：request 级别变量范围的验证。

有两个页面：

```
<!—session.jsp-->
<%
int i =1;
session.setAttribute("count",i);
%>
i=<%=i%>
<a href = "session1.jsp" target = blank>检查 session 级别的变量能否在页面间传递</a>
<!—session1.jsp-->
<%= session.getAttribute("count")%>
```

将 session1.jsp 的代码修改为：

```
<!—session1.jsp-->
<%= session.getAttribute("count")%>
<%int j = session.getAttribute("count")%;j++;>
```

点击链接显示第二个页面后不断刷新页面二，可见 session 级别的变量 count 可以不断增加。如果关闭浏览器，重新请求 session1.jsp 则 count 变量失效。

7.5.4 application 级别

application 级别的对象存放在 application 对象里，在这个范围存放的对象会保存最长的时间，只有 Web 容器关闭或者应用程序重新部署，该范围内的对象才会消失。

4 种变量有效和失效的情况总结如表 7-4 所示。

表 7-4　变量的范围

范围	本页	跳转	链接	本窗口	新窗口	重启服务
page	能	否	否	否	否	否
request	能	能	否	否	否	否
session	能	能	能	能	否	否
application	能	能	能	能	能	否

7.6 JSP 高级技术简介

7.6.1 JSP 与 JavaBeans

成功的软件开发要利用在程序编码方面的投资，以便在同一公司或者不同公司的其他开发中重用程序编码。近年来编程人员投入大量精力以便建立可重用的软件和可重用的软件组件。早期用在面向对象编程方面中的投资已经在 Java 和 C#等编程语言的开发中充分实现，很多软件可以不用做很大的改变就可以运行在各种平台上。

JavaBeans 描述了 Java 的软件组件模型，这个模型被设计成使第三方厂家可以生成和销售能够集成到其他开发厂家或者其他开发人员开发的软件产品的 Java 组件。应用程序开发者可以从开发厂家购买现成的 JavaBeans 组件，拖放到集成开发环境的工具箱中，再将其应用于应用软件的开发，对于 JavaBeans 组件的属性、行为可以进行必要修改、测试和修订而不必重新编写和编译程序。在 JavaBeans 模型中，JavaBeans 组件可以被修改或者与其他 JavaBeans 组件组合以生成新的 JavaBeans 组件或完整的 Java 应用程序。

一般来说，JavaBeans 可以表示为简单的 GUI 组件，可以是按钮组件、游标、菜单等，这些简单的 JavaBeans 组件告诉了用户什么是 JavaBeans 的直观方法，但也可以编写一些不可见的 JavaBeans，用于接收事件和在幕后工作，例如访问数据库，执行查询操作的 JavaBeans，它们在运行时刻不需要任何可视的界面，在 JSP 程序中所用的 JavaBeans 一般以不可见的组件为主，可见的 JavaBeans 一般用于编写 Applet 程序或者 Java 应用程序。

7.6.2 JSP 与 Servlet

JSP 可以实现 Servlets 的一般功能，其中 JSP 程序显得更容易阅读和编写。JSP 和 Servlets 具有不同的特点，应用场合也不同，程序员在使用时，根据需要进行选择。

Servlets 特点如下：

（1）功能强大，Servlets 比传统 CGI 提供的功能强大。可以使用 Java 的 API 去完成任何传统 CGI 认为困难或不可能的事情。Servlets 可以轻松地实现数据共享和信息维护，跟踪 session 和其他功能。

（2）安全，Servlets 运行在 Servlets 引擎的限制范围之内，就像可以在 Web 浏览器中运行 Applets 一样，这样有助于保护 Servlets 不受威胁。

（3）成本小，Servlets 可以运行在多个 Web 服务器上，这样就可以使用免费或价格便宜的服务器，并使之支持 Servlets，可以减少成本开支。

（4）灵活性好，由于 Servlets 是在 Java 平台上运行的，所以由于 Java 的跨平台性，Servlets 也可以从一个平台轻易地转移到另一个平台上，从而提高了灵活性。

Servlets 实际上就是 Java 类，需要运行在 Java 的虚拟机上，使用 Servlets 引擎。当某个 Servlets 被请求的时候，Servlets 引擎调用该 Servlets 并一直运行到这个被调用的 Servlets 运行完毕或 Servlets 引擎被关闭。

7.6.3 数据库访问技术

JDBC 是一种可用于执行 SQL 语句的 JavaAPI（Application Programming Interface，应用程序设计接口）。它由一些 Java 语言编写的类和界面组成。JDBC 为数据库应用开发人员、数据库前台工具开发人员提供了标准的应用程序设计接口，使开发人员可以用纯 Java 语言编写完整的数据库应用程序。

简单地说，JDBC 能完成下列 3 件事：①同一个数据库建立连接；②向数据库发送 SQL 语句；③处理数据库返回的结果。

7.6.4 Java Web 框架技术

Struts 是 Apache 软件基金会下 jakarta 项目的子项目，是开源 Web 应用开发框架。Struts

基于 MVC 设计模式，通过一个配置文件，把各个层面的应用组件联系起来，使组件在程序层面上联系较少，耦合度较低，这就大大提高了应用程序的可维护性和可扩展性。

JSF（JavaServer Faces ）是由 Sun 公司推出的用来开发 Web 应用程序的技术，提供了标准的编程接口、丰富可扩展的 UI 组件库（一个核心的 JSP 标记库用来处理事件、执行验证以及其他非 UI 相关的操作和一个标准的 HTML 标记库来表示 UI 组件)、事件驱动模型等完整的 Web 应用框架。通过 JSF，可以在页面中轻松自如地使用 Web 组件、捕获用户行为所产生的事件、执行验证和建立页面导航等。当使用支持 JSF 的开发工具来开发 JSF 应用时，一切将会变得异常简单，GUI 方式拖放组件、修改组件属性、建立组件间关联以及编写事件侦听器等。

Struts 和 JSF 都属于表现层框架，Struts 只是单纯的 MVC 模式框架，而后者是一种事件驱动型的组件模型。

习题

1. 说明 JSP 页面的执行原理，并画出示意图。
2. 比较<%@ include file="relativeURL" %>与<jsp:forward page="relativeURL">。
3. 页面 test.jsp 的代码如下，分析其在浏览器的显示结果。

```
<%@ page language="java" import="java.util.*" %>
    <%! int a, b, c,t; String s1,s2;%>
    <% a=12;b=a; c=a+b;s1=”孔子周游”;s2=”列国。”;%>
    a=<%= a %><br>b=<%= b %><br>c=<%= c %><br>
    <%out.println(s1+”<br>”+s2);%>
```

4. 查错并纠正错误：

   ①客户端通过点击超级链接的方式向服务器请求第二个页面时，前一个 request 级别的变量仍然有效，session 级别的变量也有效。重启服务器后 application 级别的变量仍然有效。

   ②JSP 是一种动态页面技术，可以使用多种语言，如 Java，C++。

   ③浏览器第一次请求某 JSP 页面后，JSP 服务器直接利用该 JSP 页面向浏览器响应。
5. 利用 application 变量实现一个网页访问计数器。
6. 编写程序，实现一个简单的留言板。

   ①设计出用户登录界面、留言信息界面。

   ②加入动态部分，实现登录、发表留言、浏览留言功能。

参考文献

[1] 林上杰，林康斯. JSP 2.0 技术手册. 北京：电子工业出版社，2006.

[2] 沈泽刚，秦玉平. Java Web 编程技术. 北京：清华大学出版社，2010.

[3] 杨磊. 新手学 Java Web 开发. 北京：希望电子出版社，2010.

[4] 埃克尔. Java 编程思想（第 4 版）. 陈昊鹏译. 北京：机械工业出版社，2007.

第 8 章 Web 搜索引擎优化技术

本章首先介绍了 Web 搜索引擎机制和理解搜索引擎优化原理与策略，然后依次介绍了网站结构及其优化方法、关键词优化策略与技巧和网页优化策略。考虑到 Google 是主流搜索引擎，介绍了针对它的优化指南，最后介绍了一些常用搜索引擎优化效果检测工具。

8.1 搜索引擎

随着网络技术的迅速发展，互联网成为巨量信息的载体，如何有效地检索和利用这些信息成为巨大挑战。在未知链接地址时，用户要在这种信息海洋里查找所需信息无异于大海捞针。搜索引擎（Search Engine）技术应势而生，成功地解决了这一难题。搜索引擎为用户提供信息检索服务，作为辅助人们检索信息的工具，是发现 Web 信息的关键技术和用户访问万维网的最佳入口。根据权威调查显示，搜索引擎导航服务已成为非常重要的互联网服务，全球 80%的网站，其访问量 70%～90%都来自于搜索引擎。因此，设法让搜索引擎收录更多的网页是提高网站访问量的最有效办法。

搜索引擎借助于自动搜索网页的软件，在网络上通过链接获得页面文档的信息，并按照一定算法与规则进行归类整理，形成文档索引数据库，以备用户查询。提供这种服务的网站便是“搜索引擎”。当用户在搜索引擎上用关键词查找网站时，所有包含该关键词的页面都将作为搜索结果罗列出来。这些结果将按照与搜索关键词的相关度、网页被引用的次数等依次排列显示。

搜索引擎搜索和收集的 Web 文档类型有 HTML，PDF，博客，FTP 文件，字处理文档(Word，PPT)，多媒体文件等。本章主要涉及页面。

商业运作成功的著名搜索引擎有 Google，Yahoo，MSN，Ask Jeeves 和百度等。

8.1.1 搜索引擎的工作原理

搜索引擎有两个重要组成部分，即离线部分和在线部分。离线部分由搜索引擎定期执行，包括下载网站的页面集合，并经处理把这些页面转换成可搜索的索引。在线部分在用户查询时被执行，根据与用户需求的相关性，利用索引去选择候选文档并排序显示。

搜索引擎的原理基于三段式工作流程，即搜集、预处理和提供服务。它以一定的策略在互联网中发现和搜集信息，对信息进行处理和组织，以便为用户提供检索服务，从而起到信息导航的目的。

网页搜集：搜索引擎首先检索首页，并根据其中的链接去搜索网站其他页面。

搜索引擎将 Web 看作是一个有向图：

- 搜集过程从初始网页的 URL 开始，找出其中所有 URL 并放入队列中；
- 根据搜索策略从队列中选择下一步要抓取的网页 URL；

• 重复上述过程直到满足系统的停止条件。

搜索引擎从 Web 中抓取页面的过程如同蜘蛛（spider）在蜘蛛网（Web）上爬行（crawl），被称为 Web crawling 或 Spidering。搜索引擎使用软件按某种策略自动获取文档，这类软件名称各不相同，如 Robot(机器人)、Spider(网络蜘蛛)、Crawler(爬行器)、Wanderer(漫游者)，它们都是搜索引擎用来抓取网页的工具或自动程序。著名搜索引擎的探测器有谷歌的 googlebot，百度的 baiduspider，MSN 的 MSNbot，Yahoo 的 Slurp。

网页抓取策略分为深度优先、广度优先和最佳优先 3 种。深度优先在很多情况下会导致蜘蛛的陷入(trapped)问题。目前常见的是广度优先和最佳优先方法。

Web有两个重要特征：信息海量和更新频率快，这使得Web crawling极其困难。巨量信息意味着在给定时间蜘蛛只能下载部分Web页面，这需要蜘蛛有针对性地下载。快速的更新频率意味着蜘蛛在下载某个网站的最后一个页面时，说不定前面下载的页面已经被更新了。Crawling Web在某些程度上相似于在晴空万里的夜间观望天空，因其距离不一，所看到的只是群星在不同时刻状态的反映。蜘蛛所获取的页面集合也非Web的快照，因这不代表任一时刻的Web。

如今，网络速度虽然有所提高，但仍然满足不了处理速度和存储容量的要求。因此，搜索引擎的 Spider 一般要定期重新访问所有网页。时间间隔因搜索引擎和目标网页而异，以便更新索引数据库，比较真实地反映出网页内容的更新情况，如增加新网页信息，去除死链接，并根据网页内容和链接关系的变化重新排序，从而使网页的具体内容及其变化情况比较准确地体现在用户的查询结果中。

预处理：旨在为收集到的 Web 文档建立逻辑视图。

在传统的信息检索中，文档逻辑视图是“bag of words”模型，即文档被视同为一些单词的无序集合。而在 Web 搜索引擎中，这种视图被逐步扩展了，如用到词频、权重、页面元信息、文档的权威性和使用情形等。

搜索引擎要处理蜘蛛所搜索到的信息，从中抽取出索引项，以便用户检索。索引项分为内容性索引项和元数据索引项，如文档的作者名、URL、更新时间、编码、长度等。

搜索引擎要给索引项赋予权值，以表示该索引项对文档的贡献程度，用于计算查询结果的相关性。然后用索引项建立索引表。索引表一般使用某种形式的倒排表（Inversion List）。倒排表由两部分组成：词汇及其位置列表。词汇是所有关键词的排序列表，对于词汇中的每个关键词，其在文档集中出现的“位置”列表。

查询服务。搜索引擎为用户提供查询界面，以便用户通过浏览器提交待查询的词语或短语。当用户输入关键词后，搜索系统程序从索引数据库中找到符合该关键词的所有相关网页，并根据网页针对该关键词的相关性排序。相关性越高，排名越靠前。然后很快返回与用户输入内容相关的信息列表，该列表中的每一条目代表一篇网页，它至少有 3 个元素，即网页的标题、地址和摘要。

8.1.2　信息检索技术

信息检索（Information Retrieval，IR）指在一个集合中检索文本和搜索有用文档的过程，如在 Web 上搜索文档、按查询有效地检索相关文档。用户在进行信息检索时，最关心如何在最短时间内找到所需要的信息，因此系统应判断哪些信息最符合用户的检索意图，并按级别排列出信息文档。

这个过程涉及相关性（Relevance），体现着用户查询与查询结果文档的匹配程度。相关性基于文本和概念匹配，其中文本匹配主要关注页面中的术语、关键区域中的术语（如 title 标签、headlines 等）、链接中的术语。

Web 搜索与 IR 的区别：必须通过 Crawling Web 搜集文档资料，这些文档是不可控制的，可利用 HTML (或 XML)的结构性布局信息和元信息，能利用 Web 中的链接结构。

基于关键词的“匹配/位置/频次”原则，即内容中的字词、词组或短语与用户输入的关键词越匹配，出现的次数越多。信息检索过程始于用户输入一个查询字符串，该字符串是信息需求的形式化表示。在信息检索中，一个查询字符串可以识别出数据库中多个文档，这些文档的相关性可能不同。

基本的 IR 方法是比较文档中的单词与待查询的单词，3 种经典信息检索模型是布尔模型、统计模型和矢量空间模型。

布尔模型：文档被表示成关键词集合，查询的关键词被表示成布尔表达式(And, Or, Not)，其输出是文档的相关与否，而没有匹配或排名。

统计模型：把文档表示成关键词集合(无序)，被取样的单词相互独立，根据词频对文档进行排序。

矢量空间模型（Vector Space Model）：每个文档被表示成高维空间中的一个矢量，查询也被表示成一个矢量，比较查询和文档集合，找出最接近的文档组。大多数查询系统计算数据库中文档匹配查询字符串的程度，并按排名依次显示。计算方法有统计法、信息论法和概率法等，这些方法大都基于矢量空间模型。矢量空间模型是把文档表示成索引项矢量的代数模型，矢量的维数是词汇表中单词的数目，每个维对应于一个索引项。若索引项出现在一个文档中，其值（即权重值）为非零。

8.1.3 搜索引擎排名算法分类

在各种搜索引擎上进行同样搜索时会产生不同的结果。究其原因，首先，检索依赖于网络蜘蛛能找到的信息。其次，并非搜索引擎都使用相同的排名算法。搜索引擎用排名算法决定索引中信息与用户所搜索关键词一致性。

搜索引擎在为文档排名时，除了考虑文档内容及其元信息外，还要考虑文档受用户欢迎的程度，如外部链接和访问量等因素。为页面排名有两种算法：一是查询内容无关的排名如PageRank，给索引库中的每个页面赋予固定分数。二是查询有关或主题敏感的排名如HITS，根据具体查询为每个页面赋予一个分数。

8.1.4 Google 的几种排名算法

在最初的Google排名算法中：首先，使用IR算法找到所有与查询关键字相匹配的网页；其次，根据页面因素（标题、关键字密度等）进行排名；最后，通过页面PageRank调整排名结果。

Web链接结构是有价值的信息资源，若能利用好这种资源，可以极大地提高检索结果的质量。如今，Web链接是作为搜索引擎判定页面质量的关键技术之一。通过分析页面如何相互链接，搜索引擎就能决定页面的主题（假如被链接页面的关键词相似于原页面的关键词）和页面是否被认为是重要的。基于链接分析算法，搜索引擎提供了衡量网页质量的方法。

链接分析主要基于如下基本假定：共享链接的Web页面很有可能具有主题相似性；网站的外部链接越多，则排名越靠前；并非所有链接都一样，来自于高质量网站的链接权重高。这些假设在链接分析算法中以某种方式体现出来。

基于链接的页面排名算法包括 PageRank 算法、HITS 算法、TrustRank 算法和 Hilltop 算法。

PageRank算法。在链接分析算法中，PageRank最著名。Google创始人Larry Page等于1998年发明了该算法。PageRank是与查询无关的、针对Web页面排序的、最早应用链接分析技术的搜索引擎算法。PageRank在Google中的应用获得了巨大的商业成功，Google搜索引擎用于为Web文档赋值（数字权重），旨在测量文档在文档集中的相对重要性。

PageRank 的原理类似于科技论文中的引用机制：论文被引用次数越多，就越权威。从本质上讲，Google 把从 A 页面到 B 页面的链接解释为 A 页面对 B 页面的支持和投票，把链接作为网站编辑对页面的质量和相关性的投票，即 PageRank 算法通过链接关系确定页面的等级和相关性，互联网中的链接就相当于论文中的“引用”。PageRank 依赖于 Web 这种特有的民主性，用链接结构作为衡量具体页面价值的指标；其基本思想是试图为可以搜索的所有网页赋予量化值，其值由指向该网页的所有网页的值决定。

页面的 PageRank 主要基于导入链接（Inbound Links）的数量和提供这种链接的网页的 PageRank。Google 不单依靠这种机制，还要分析投票页面的质量，即来自重要页面的投票份量大，被许多具有高 PageRank 的网页链接的页面也得到高排名。若页面没有外部链接，也就得不到支持。关键字在页面上的相关度，根据 Google toolbar 计算的页面的访问量也影响着 PageRank。

Google为互联网中每个页面赋予的数值权重范围是0~10，以表明页面的重要性，记作PR(E)。Google根据投票来源（甚至来源的来源，即连结到A页面的页面）和投票目标的等级来决定新的等级。简单地讲，高等级页面可以提升其他低等级页面的等级。

最重要的事情是要在网站上发布一流文章，以便自然得到链接。最好的链接往往是自愿给出的，别购买或交换链接，否则会弄巧成拙，欲速则不达。

如何确定网页的 PR 值？可利用 Google 工具条，使之在浏览网页时，自动出现其 PR 值。或登录 http://tool.admin5.com/pr.html 查询 PR 值。

PageRank 算法独立于用户查询，是离线的、被实践证明具有快速响应能力和很高的成功率。然而它仍存在着明显缺陷：独立于用户查询，不能够应用于特定主题获取信息；偏重旧网页，过分依赖网页的外部链接。它不考虑主题的相关性，从而使得那些从完全不相关链接的网站也在搜索结果中排名靠前。付费链接和交换链接在互联网上很流行，许多 Web 垃圾页面出于商业目的而误导搜索引擎，它们利用各种技术获取在搜索引擎结果页面（Search Engines' Result Pages，简称 SERP）上的虚假排名。因此，较高的 PageRank 不再是质量的保证。在实践中，Google 的 PageRank 面临着人为操作的挑衅。PageRank 一直在抵制人为取巧操作。为防止人为操作，Google 没有公开影响算法的其他因素。这也需要新技术去甄别良莠。

TrustRank 算法。改进上述排名算法的方式之一是通过复杂的链接模式确定文档的重要性；其主流技术是借助于人工，专家能准确描述对网站的信任程度，轻易识别出垃圾。虽然人工能轻易识别出垃圾文档，但评估所有页面代价昂贵，是不可行的，所以就提出了一种半自动化技术方案。TrustRank 便应势而生。TrustRank 旨在半自动地分离有用页面和垃圾页面，其基本思想是在为网页排名时，要考虑该页面所在站点的信任指数和权威性。

TrustRank 基于如下理念：高质量页面一般不链接垃圾页面，而垃圾页面总试图链接到好页面以提高其声望。

TrustRank 的工作原理是：先用人工去识别少量的、高质量的页面（即种子页面），种子页面指向的页面也可能是高质量的页面，即其 TrustRank 值也高。蜘蛛就从种子页面集出发，寻找相似、可靠和可信任的页面。种子页面的候选者是专业网站，如政府网站、非谋利性网站和严格管理的网站，如 DMOZ 和 Yahoo 目录，它们不会链接垃圾页面。

与 PageRank 相似，若网页获得了来自高 TrustRank 值网页的链接，则也就获得了高 TrustRank 值，并且 TrustRank 这种可靠性随着页面远离种子页面集而衰减。

在处理上 TrustRank 分两个步骤，源目标的选定和评分的传递。首先，让专家手工识别出少量高质量网站，并赋予其信任值；其次，TrustRank 值会随着页面的传递而降低。

Web 页面没有内在的 TrustRank 值，因此使得通过链接模式去获取 TrustRank 值变得更加困难。通过分析这种链接结构，可发现没有作弊的页面。TrustRank 已经被融入 PageRank 中以改善搜索相关性，其重要性不言而喻，甚至已经超过 PR 值的作用。

TrustRank 旨在应对操纵 Google 排名以提升搜索结果质量的作弊手段。实施这一方法后极大地增加了短时间内操作排名的难度，迅速改善了搜索结果的质量。TrustRank 成功地区分了来自 Spam 的链接与来自优质内容的链接。

而随着时间的推移，Trustrank 引起的问题开始显露，如搜索结果充斥着著名和权威站点的影子，即使这些页面内容可能是 Spam。用一些权重高的站点发布同样的内容页，排名要明显高得多。优秀的个人或企业站点，尤其是新建的，即使内容再好，也难有排名优势。这已严重影响了 Google 搜索结果的质量。因此，Trustrank 在给 Google 带来积极意义的同时，其负面影响也凸显出来。

Hilltop 算法。Google 的排序规则经常在变化，但变化程度莫过于在 2003 年基于 HillTop 算法对排名算法的优化。HillTop 算法是 Bharat 在 2001 年发明的，用于发现与具体关键词主题性相关的文档。HillTop 算法的指导思想和 PageRank 一致，都通过网页被链接的数量和质量来确定搜索结果的排序权重。但 HillTop 认为，来自具有相同主题的相关文档链接对于搜索者的价值会更大，即主题相关网页之间的链接对于权重计算的贡献比主题不相关的链接价值要更高。这种对主题有影响的文档为专家文档，从这些专家文档页面到目标文档的链接决定被链接网页的权重值。

HillTop 算法基于专家页面。专家网页是关于一定主题，指向许多非隶属网页，其中至少有一个短语包含查询关键词的页面。结果的排序基于查询与相关文档之间的匹配。具有来自于许多专家页面链接的网站是权威的，其排名也好。它依赖于专家文档和源于这些文档的链接，如 X 链接到 Y，Y 链接到 Z，那么 X 和 Z 也相关。

HillToP算法基本过程可以分为两步：首先，根据查询去寻找专家网页；其次，给顶层专家网页链向的目标网页打分，这个过程综合了它与所有相关专家网页的链接关系。

HillTop 算法最大的难点是顶层专家文档的筛选，目前，Google 首先给了教育（.edu）、政府（.gov）和非盈利组织（.org）站点很高的优先级。

Hilltop 算法作为识别跨站点的链接交换干扰与识别相似链接的技术，杜绝了那些想通过任意链接来扰乱排名规则以及增加无效链接来提高网页 PageRank 值的做弊行为。

作为对原始 PageRank 算法的补充，Hilltop 算法具有以下优点：与原始的 PageRank 相比，Hilltop 是主题灵敏的，通过来自权威性文挡的链接来确定网页的可信度。对于具有同样主题、PR 相近的网页排序，Hilltop 算法显得非常重要。与以购买离题链接而获得高排名相比，这更难以人为操作；Hilltop 成功地解决了这个问题，随意性链接已经失去往日的作用，即使仍有一定的价值，但与来自于专家网站的链接相比，不能相提并论。

Hilltop 和 TrustRank 是 Google 用于防范垃圾和过分使用 SEO 技术的措施。在这两者实施之前，搜索引擎优化技术人员能通过获得高 PR 链接而稳居关键词查询结果排名的前列。而使用这两个算法后，这种游戏就有点困难。

然而，Hiltop在应用中还存在如下问题：专家页面的搜索和确定对算法起关键作用，专家页面的质量决定了算法的准确性；而专家页面的质量和公平性在一定程度上难以保证。Hiltop忽略了大多数非专家页面的影响。在Hiltop的原型系统中，专家页面只占到整个页面的1.79%，不能全面反映民意。Hiltop算法在无法得到足够的专家页面集(少于两个专家页面)时，返回为空，即Hiltop适合于对查询排序进行求精，而不能覆盖。这意味着Hilltop可以与某个页面排序算法结合，提高精度，而不适合作为一个独立的页面排序算法。Hilltop中根据查询主题从专家页面集合中选取与主题相关的子集也是在线运行的，这与前面提到的HITS算法一样会影响查询响应时间。随着专家页面集合的增大，算法的可伸缩性也存在着不足。

8.1.5　HITS 算法

HITS（Hyperlink-Induced Topic Search）是由Kleinberg在20世纪90年代末提出的基于链接分析的网页排名算法，有时也称为Hubs和Authorities算法。

用 HITS 算法评估网页质量，可得到内容权威度（Authority）和链接权威度（Hub）。用内容权威度评估网页内容的价值；用链接权威度评估网页提供的超链接的价值。网页被引用得越多，其内容权威度越高；引用内容质量高的网页越多，网页的链接权威度越高。一个好的中心网页应该指向很多权威性网页，而一个好的权威性网页则应该被很多好的中心性网页所指向。对整个 Web 集合而言，Authority 和 Hub 是相互依赖、相互加强、相互优化的关系，这是 HITS 算法的基础。即网页 A 链接权威度的数值是通过其链向的网页的内容权威度决定的，而网页 A 的内容权威度的数值则是由链向其网页的链接权威度决定的。

在 HITS 算法中，首先检索搜索查询的结果集合，计算只针对这个结果集合而不是对所有页面。

Authority和Hub的值通过相互递归定义，即Authority的值是指向该页面的Hub值之和，而Hub的值则是该页面指向的页面的Authority值之和。在实施中还要考虑被链接页面的相关性。HITS算法包含一系列迭代过程，每个迭代包括两个基本步骤：首先，更新每个节点的Authority值，使其等于指向该节点的每个节点的Hub数值之和，即由信息Hubs链接的节点被赋予了高Authority值。其次，Hub值更新，即更新每个节点的Hub值，使其等于它指向的每个节点的Authority值之和。

每个节点的Hub和Authority的值用下述算法计算：赋予每个节点的Hub和Authority值都为1；运行Authority更新规则；运行Hub更新规则；规范化（Normalize）数值（即每个节点的Hub值除所有Hub值的平方之和，每个Authority值除所有Authority值的平方之和）。

与PageRank相似，HITS也是基于Web文档链接的迭代算法，然而也有一些重要差别：首先，它是在查询时执行，而不是在建立索引时执行，与查询性能如时间等相关。因此，赋予页面的Hub和Authority权值也是与查询相关的。其次，它不是搜索引擎通用技术。再者，它计算了每个文档的两种值即Hub和Authority。最后，它只处理相关文档的一个小子集，而PageRank针对文档全集。

8.1.6 微软的BrowseRank算法

实际上，网页被访问的次数也是搜索引擎决定网页排名的关键因素。通过搜索引擎访问某个网页时，搜索引擎对这种访问应该有记录，以便作为排名指标。在某些搜索引擎中，影响排名的一个因素是点击流行度，对在搜索结果中网页链接的点击次数、页面被访问的次数进行统计。经常被点击的页面的点击流行度就较高。当访问者从搜索结果中点击网站时，搜索引擎将给网站奖励一定分数。如果网站得到较高的点击量（根据IP地址），那么也将得到更多的分数。

谷歌忙于改进PageRank，旨在使重要网页得到高PageRank排名；微软则称PageRank没有实现这个目标，因为它阻止不了人为提高网页的重要性，而BrowseRank方法更优越。该技术在决定搜索结果的相关性时，考虑了用户浏览网页或网站的时间，反映出人类的实际行为。用户行为数据可以从网络客户端的互联网浏览器记录，可以从网络服务器上搜集。

微软研究人员指出，用户浏览情形更能确切地描述浏览者的随机行进过程，因此，对计算页面的重要性更有用。用户访问网页的次数越多、在网页上浏览的时间越长，网页就可能更重要。以此评估数百万用户对网页的重要性，进行“隐式投票”。

但BrowseRank也有以下软肋。首先，BrowseRank考虑了用户在具体网站上的浏览时间，很明显这有利于社会社交性网站。然而，这种网站的内容并非具有普遍价值或对大多数浏览者有用。这个因素使BrowseRank失效，因它能导致许多不相关的、垃圾的结果。其次，微软认为，依赖于链接的PageRank不可靠，因Web上的链接可以由Web内容的创建者任意增减。而用户行为的可靠性也值得怀疑，因这也能以各种方式操作：网站管理员不用购买链接，而是雇佣廉价的Web浏览者在其网站上“耕作”。再者，最大问题是如何获得这种时间信息；网站需要传递这种信息的机制，这有待时日去实现。最后，用浏览时间评估网页的重要性也有失公道。比如，内容性网站尽量保持浏览者长时间浏览网站，交易性网站聚焦于用户如何尽快完成交易，导航性网页也旨在让用户快速导向目的网页。

8.1.7　Alexa 流量排名算法

Alexa 通过 Alexa 工具条收集用户上网信息，统计网站流量以及相关信息。要想获得较好的 Alexa 流量排名，就应该下载和使用 Alexa 工具条，并倡导其他浏览者也这么做。

显示在 Alexa 工具栏和其他地方的流量排名以近三个月平均流量数据为基础进行计算，是页面浏览数和到达用户数的综合体现，具有代表性好和公正性等特点。

到达率（Reach）由某天访问网站的 Alexa 用户数目决定，被表示为浏览某个网站的互联网用户的百分比。Alexa 的周平均到达率和季度平均到达率是日到达率的平均值。其季度变化取决于对比网站当前及前一季度的到达率。

用页面访问量（Page Views，PV）来衡量 Alexa 用户浏览某个网站的页面数。同一用户在同一天对同一页面的多次浏览只被计算一次。页面的人均 PV 就是指网页浏览者每天浏览此页面的平均值。其季度变化取决于比较网站当前 PV 和前一季度 PV。

Alexa 流量排名的特点是：Alexa 流量排名只针对顶级域名（网站），而不为页面、子域名提供单独排名；若子域名被识别为博客和个人主页，则被单独提供排名，排名规则与顶级域名一样，但名次后带有星号；镜像网站将被合并到原网站。

Alexa 取样量大、资料易取得，被广泛用于评估网站的受欢迎度。

流量排名基于分析 Alexa 工具栏用户浏览网站的信息，经过分类、筛选和计算这些信息得到排名。Alexa 只基于使用 Alexa 工具条（即 Alexa“社区”）用户的信息衡量网站浏览情况，而不能代表因特网的所有用户的信息，因此 Alexa 排名具有不准确性。第一，使用量较小的网站很难准确估量。第二，所采用的样本可能对不同浏览器的用户存在高估或低估的情况，具体程度不得而知。Alexa 样本包括了 IE，Firefox 和 Mozilla 用户，而不支持 AOL/Netscape 和 Opera 用户。第三，所采用的样本可能对使用不同操作系统的用户存在高估或低估的情况，具体程度不得而知。Alexa 样本中包括了内建于 Windows，Macintosh 和 Linux 的工具条。第四，在某些情况下，流量数据也许会受对“网站”定义的影响。如镜像网站、域名、主页的变更不能得到及时反映。第五，在安全页面（HTTPS）上，Alexa 工作栏将自动关闭，所以具备安全页面的网站可能会在 Alexa 流量数据上得不到充分体现。

Alexa 排名与 Google 的 PageRank 比较：首先，PageRank 用 10 以内的数字为页面的外部链接的数量和质量排名，而 Alexa 排名基于近三个月的网站用户数目和浏览的页面数为网站排名。其次，Alexa 从不基于网站因素而实施排名惩罚。再者，Alexa 排名基于流量，而不主观。Google 排名基于 Google 算法，若不符合此算法，网站即使好，也可能排名较后。

8.1.8　谷歌搜索引擎的服务趋向

Google 秉着开发完美搜索引擎的信念，“确解用户之意，返回用户之需”，坚持不懈地追求创新，不受现有模型限制，开发出了具有突破性的 PageRank 技术，使得搜索方式发生了根本性变化，在业界独树一帜。在谷歌诞生十周年之际，谷歌副总裁梅耶尔在其博客上陈述了对搜索未来的一些想法。她认为，虽然 90%的搜索问题已经得以解决，但解决剩余 10%的问题将需要几十年的时间。梅耶尔把当前的搜索技术比作 16、17 世纪时的生物学和物理学，并称由10条搜索结果链接组成的谷歌搜索页面才刚刚开始，在搜索结果中加入图片、视频、新闻、书籍和地图的全面搜索是迈向正确方向的第一步。谷歌团队一直在为富媒体搜索结果改进界面设计和用户体验。用户将在未来几个月能看到谷歌的这些最新成果。梅耶尔还相信个性化将成为搜索的重要组成部分，个性化搜索能够更好地了解用户需求，搜索引擎将能做得更好。未来的搜索引擎或许可以知道用户的地理位置，可能知道用户已经了解了哪些信息或者稍早时获得的信息，还可能完全知道用户的偏好。用户的社交圈也同样重要，需要更好地利用用户的好友，从而了解用户会阅读哪些新闻，关注哪些本地事件。梅耶尔心目中理想的搜索引擎概念，即搜索引擎是用户最好的朋友，能够帮助用户立即获知全球所有信息，也是用户所见过的或知道的最好的照相存储器。

8.2 搜索引擎优化原理与策略

如今，Web浏览者已经习惯于通过搜索引擎查询信息，因此网站在搜索结果中的排名对增加流量很重要。搜索引擎优化（Search Engine Optimization，SEO）有助于确保网站是搜索引擎可访问的，增加网站被搜索引擎发现的机会。SEO有助于改善网站的外观和质量，并提高网站在搜索引擎结果中的排名。网站在搜索结果中的排名越前，就越能够吸引浏览者访问网站，被用户访问的机会也就越大。

SEO通过总结搜索引擎的排名规律，对网站进行合理优化，使网站在搜索引擎的排名提高，让搜索引擎为网站带来潜在客户，是提高在搜索引擎的搜索结果中排名而增加网站访问量的过程。SEO的目的是让搜索引擎蜘蛛更好地阅读和抓取页面。

根据搜索引擎的搜索与排名原理，实施SEO，对网站结构、网页内容和布局、网站之间的互动等进行小而合理的修改，以改善网站在搜索引擎的搜索表现，进而增加客户发现并访问网站的可能性。单看每个变化时似乎可有可无，但与其他优化结合起来，就会对网站产生巨大影响，无论是用户体验的满意度，还是在搜索引擎搜索结果中的表现。

SEO建立在用户搜索体验为中心的基础之上，通过提高网页级别，建立合理而顺畅的网站链接结构、丰富的网站内容及表现形式，使网站自身结构、网页代码适应搜索引擎的抓取文档，进而在搜索结果上获得较前排名。在实际操作中，SEO以关键字为中心，通过对网站内容、网站结构及外部链接等的优化，使该关键字在搜索引擎查询结果页面上获得理想排名，出现在SERP靠前的位置。

SEO分析的几个切入角度：从市场角度分析网站定位、目标、资源、现状，竞争状况，确定核心关键词等。从技术角度分析网站的结构、网站导航、内部链接、导出链接、域名和 url 等。从推广角度分析网站导入链接，目前被搜索引擎收录的情况等。从运营角度分析内容编辑质量、原创数量、更新速度、蜘蛛到访频率、网站硬件平台质量、稳定性、同IP网站搜索引擎表现等。从历史角度分析网站以往的推广措施，是否受到过惩罚、排名历史情况、域名注册时间长短、网站是否进行过大的改版、主题定位是否发生了变化等。SEO是一种网络营销方式，贯穿于网站策划、建设、运营和推广全过程，通过制定和执行有针对性的网站优化策略，依靠搜索引擎平台为企业引入潜在用户，是企业网站、商业网站开展网络营销推广的重要方式。

网站优化与搜索引擎优化不同。网站优化包括网站搜索引擎优化、网络环境优化和用户体验优化。SEO 虽然名义上是针对搜索引擎的优化，但应该把优化策略首先基于用户需求。用户是网站内容的最终消费者，他们要利用搜索引擎找到具有相关信息的网站。仅仅聚焦于在搜索引擎结果中的排名或许会弄巧成拙。

8.2.1 搜索引擎优化原理

任何搜索引擎都有其独特的排名算法。因此，SEO 只能顾及大方向，综合考虑各种搜索引擎的要求。若面向百度则要注重网站内部优化，若面向 Google 则要注重网站外部优化。

如何创建页面为搜索引擎蜘蛛提供它们想要的信息呢？记住游戏规则，别只着迷于设计页面外观或链接地址，而忘记了 SEO 基本规则。页面需要上好的内容、元标记信息、高声望的链接、合适的关键词，这样才有可能登上搜索引擎排名前列。

搜索引擎赖以文本而工作。它们检索页面内容、页面标题、元标记信息等，并把这类信息记录在数据库中。没有文本，搜索引擎就无所适从。而且，若搜索引擎触及不到页面，里面就是有再好的文本也无济于事。搜索引擎必须能根据主页链接到网站的其他页面，以便搜索其文本内容。

Web 网站如同沙土城堡而非铜墙铁壁，即 Web 网站建设是循序渐进过程，要有规律地维护。那么在设计和优化网站时，要考虑哪些因素呢？

首先，搜索引擎蜘蛛能不能顺利找到网页很关键。只要搜索引擎能顺利找到、抓取和分析网页内容，网站才是搜索引擎友好的。同时网页的 HTML 代码要做优化处理，格式标签要少，内容要多，整个文件要小。要让搜索引擎找到主页，就要有外部链接，在找到主页之后，还必须能找到内部网页，也就要求网站具有良好的物理结构，网页之间要有良好的链接结构（逻辑结构），所有页面都要能从主页开始，顺着链接能找到，最好在三次点击之内，链接以文字链接最好。网站需要有网站地图，把所有重要网页都列上。

其次，应该排除不利因素，如 flash 和 JavaScript 等。使用这些技术得不偿失，它们不能给网站增色，往往有害于网站的表现。如果必须要使用这些脚本语言，把它们作为外部文件，如把 CSS 放在外部文件中。若网页是由数据库动态生成的，那么一般要把动态 URL 改写成静态的，即要去掉 URL 中参数符号和会话标识等。搜索引擎并非无法读取这种 URL，但是为了避免陷入无限循环，通常远离这类 URL。若网站整体基于 flash 技术，那也没办法读取。框架结构(Frame)是搜索引擎蜘蛛的大敌。总之，要尽量去除不必要的、搜索引擎不能读的东西，如音频文件、图片、弹出窗口等。

最后，网站设计越简单越好。文字内容的比重应该大于 HTML 格式的比重。整个网页应该规范化，应该在所有浏览器上正常显示。

8.2.2 搜索引擎优化策略

SEO 策略指利用各种资源以充分发挥 SEO 作用的手段。SEO 在原则上基于搜索引擎排名原理，但还要考虑其他相关因素，如服务器的性能、网站结构、网页布局、内容与主题、关键词选取与布置等。注重用户体验的网站自然会受到用户追捧，优质内容自然也会获得优质的外部链接。

搜索引擎关注(包含关键词的)页面文本内容，即与潜在用户在搜索引擎中输入的查询字符串相匹配的文本。要设计网站导航，以便搜索引擎蜘蛛能轻易跟踪网站导航的URL 结构。在优化时，要把关键词的选取和布局、网页内容的创建及其描述和布局放在首位。要建设网站的流行度，外部链接是网站流量的重要来源。

搜索引擎优化是一个持续过程。网站排名可能会波动。竞争对手们也在优化他们的网站，更新其页面内容。搜索引擎也在不断地更新排名算法。若要在激烈的市场竞争中占有一席之地，要有行之有效的SEO策略，即监视网站，确保排名稳定；持续链接拓展运动，要考虑浏览者因素；要理解SEO需要时间，这不是一周可以见效的工作，往往需要数月才能见效；要理解SEO应该是在线营销策略的组成部分，有利于提高网站流量；总之，增加网站流量才是最终目标。

8.2.3 恶意的搜索引擎优化技术

随着Web信息规模和价值的增加，搜索引擎的作用日益提高。然而如今搜索引擎受到各种作弊手段的严重威胁。它们企图破坏搜索引擎提供的公正搜索和排名服务。搜索引擎也不断利用新技术和私有专利抵制这些Web作弊。

SEO 作弊（也称为 SEO 黑冒）就是采用搜索引擎禁止的方式优化网站，如群发留言增加外链等。通过这种方式增加外部链接，影响其他站点的利益，同时影响搜索引擎对网站排名的合理性和公正性。对应的“白冒”是采用 SEO 的思维，合理优化网站，提高用户体验，争取与其他网站互联，从而提高站点在搜索引擎结构中的排名。

Spamdexing 是 Spamming（向用户发送非订阅信息）和 Indexing 的组合词。Spamdexing(也称为 Search Spam 或 Search Engine Spam)涉及很多方法，诸如重复无关的短语，用与搜索系统目的不一致的方式人为操纵被搜索引擎检索资源的相关性或重要性。常见的搜索引擎优化作弊方法包括关键字堆砌、隐藏关键字、镜像网站、门页、伪装、302 重定向及链接欺骗、域名轰炸、弹出新窗口转向、链接养殖场（Link Farm）等。

许多搜索引擎会检查 Spamdexing，并从其索引中删除可疑页面。受用户对搜索结果中不当匹配抱怨的警示，搜索引擎工程师能快速把那些用 Spamdexing 的网站从搜索引擎结果列表中隔离出去。

Spamdexing技术通常分成两大类，即内容Spam和链接Spam。这些作弊技术将在本章后面相关内容中讲到。

8.3 网站结构及其优化

网站要按搜索引擎友好的方式设计和开发。网站结构设计要清晰明了，容易被用户浏览和被搜索引擎爬虫抓取。网站结构分为两种，即逻辑结构和物理结构。

物理结构指网站真实的目录及文件存储的位置所决定的结构。物理结构可以有两种：扁平式结构，所有网页都存在网站根目录下，虽然这种结构比较适合小型的网站，但事实证明是很见效的方法。树型结构，根目录下分成多个子目录，然后在每一个子目录下再放上相应的网页，对稍有些规模的网站来说，树型逻辑结构比较容易管理。

逻辑结构(也称为链接结构)是由网页内部链接所形成的逻辑的或链接的网络有向图。搜索引擎更关注由链接形成的逻辑结构，被收录的容易性在于离主页有几次点击距离，而不是它的物理位置。蜘蛛根据网站的内部链接处理页面，首先处理根目录中的页面，其次是第一级目录，或许会处理第二级目录，但通常不会处理第三级目录。因此，大多数专业网站具有扁平结构。

8.3.1 服务器与域名选择

服务器的地区分布也影响排名。对于搜索引擎而言，针对不同的区域，有不同的搜索结果。相同的英文关键词，用相同的方法，放在美国服务器上的网站总排在搜索结果的首页。所以服务器的区域选择应瞄准潜在客户群体所在的区域。同样，服务器性能对搜索引擎也至关重要。服务器速度快了，蜘蛛爬行网站效率就高，用户满意度也高。

如何检查服务器质量？可以通过检查服务器上网站被搜索引擎收录情况而定。检查步骤是：首先检查服务器上放了多少网站。根据如下工具可以查出有多少域名指向同一个 IP：（http://www.seologs.com/ip-domains.html）。其次，选择其中的 www.###.com，在 Google 中输入：site：www.###.com，检查 Google 收录该网站页面的情况。若发现 Google 还没有收录，就多查几个网站，若大部分都是没有被 Google 收录，则很可能该服务器被 Google 处罚过。被 Google 处罚的域名比较多，被 Google 处罚的服务器相对较少。

域名选择应该选择容易建立品牌的域名，选择诸如 Google.com 的域名，而不是 keyword.com。域名当中所包含的关键词曾经有作用，但现在的作用非常小，充斥着关键词的域名应该被抛弃。二级域名在中文网站中很流行，其中充斥着大量垃圾内容。建议使用目录，不要轻易使用二级域名。

设计与优化原则如下：域名若要包含关键词，可以选择与关键词相关的英语域名或汉语拼音域名。文件名要用关键词，并且各个单词之间要用中横线“-”分开，不要用下横线。顶级域名比二级域名和子目录优先（知名网站、权威网站的二级域名除外）。二级域名比栏目有优势，栏目页比内页有优势。目录的层次不要太深，最多不要超过三层，层次越深，权重越低。静态路径比动态路径有优势。

8.3.2 网站地图及其提交

创建蜘蛛友好的网站地图，以便搜索引擎蜘蛛发现所有页面，主页上要有对网站地图的链接。网站地图本质上是网站页面的分类列表。网站地图分为两种，即普通 HTML 网站地图（文件名为“HTML”）和 XML Sitemap。普通 HTML 格式的网站地图，目的在于帮助用户从宏观上了解网站。HTML 格式的网站地图根据网站结构特征制定，尽量把网站的功能结构和服务内容富有条理地列出来。首页底部应有指向这种网站地图的链接，其锚文本为“Site Map”。XML Sitemap 通常称为 Sitemap，包括所有 URL、页面更新时间、URL 的相对权重等。制作并给搜索引擎提交 Sitemap，以便网站内容被搜索引擎更好地收录。XML Sitemap 可以帮助搜索引擎机器人抓取原本不易获得的、隐藏比较深的页面。

若站点很简单，所有页面均可通过 HTML 链接到达，且层次不超过 3 层，则不用 XML Sitemap 也会被全部收录。虽然说网站排名与 XML Sitemap 并没有直接的关系，但因为 XML Sitemap 为搜索引擎提供了站点的更多信息，有利于搜索引擎更好地评估站点，有助于提高其排名。

创建网站地图的工具如下：

eXactMapper Lite。自动创建专业网站地图，可为用户提供 3 种不同的、可定制的 HTML/DHTML 网站地图的风格，包括 UL 列表、母本树和索引页。

SiteMapBuilder.NET。可自行创建 Google XML 网站地图或以网站地图为基础的文本，能检查出 URL 错误，需要 NET 框架支持。

Sitemap Creator。将目录结构输送到 HTML 文件上后创建网站地图，不需要浏览在线网站。

Sitemap 4 traffic。可以创建 Google 和 HTML 网站地图，检查不健全的链接，支持网站文件。需要 Net 框架 1.1 版本或更高版本和浏览器 6.0 支持。

用生成器创建 Sitemap，http://www.google.cn/support/webmasters/?hl=zh-CN。

Google 网站地图注册：https://www.google.com/webmasters/sitemaps/login。

向搜索引擎提交网站。为了便于被搜索引擎及时发现，有必要向搜索引擎及其关注的著名目录提交网站。最简单的方法是把网站所有页面的 URL 单独列出来，命名为 Sitemap.txt，然后直接提交给 Google。其他搜索引擎则不支持这种方式。对于 Google 搜索引擎，XML Sitemap 可以放在任何能爬取到的位置，包括其他网站上，通过 Google 网站管理员工具把存放地址提交给 Google。对其他搜索引擎而言，需要放在网站根目录上，同样需要提交。

搜索引擎收录查询。Alexa 排名查询，www.sowang.com/so/，为网站管理员提供查询搜索引擎包括：Google，百度（baidu），雅虎（Yahoo），Sogou（搜狗），163（有道），Soso（搜搜）中的收录情况。

以下是向几个重要搜索引擎提交网站的地址：

Google 搜索，http://www.google.com/intl/zh-CN/add_url.html

百度搜索，http://www.baidu.com/search/url_submit.html

hao123 网址之家，http://221.12.148.30/url_submit.php

搜狐/搜狗，http://db.sohu.com/regurl/regform.asp?Step=REGFORM&class=

爱问搜索，http://iask.com/guest/add_url.php

雅虎搜索，http://search.help.cn.yahoo.com/h4_4.html

Yahoo，http://submit.search.yahoo.com/free/request/

网易有道搜索，http://tellbot.yodao.com/report

Bing(必应)，http://cn.bing.com/docs/submit.aspx

微软 Live&Msn，http://search.msn.com.cn/docs/submit.aspx

MSN 中文搜索，

http://techpreview.search.msn.com.cn/docs/submit.aspx?FORM=WSDD2

www.123promotion.co.uk/directory/index.php 用于检查网站是否登录分类目录。

向分类目录提交网站。为了便于被搜索引擎及时发现，还有必要向著名的分类目录提交网站。分类目录分为免费登录和付费登录，都需通过手工输入登录。在分类目录上发布网站信息非常重要，其重要性不在于访问者是否通过目录链接找到网站，而主要在于通过这些目录使网站获得重要的、高质量的外部链接。因此，对于网站提高排名具有举足轻重的作用。对于中文网站来说，最重要的分类目录有开放式目录 ODP 和 Yahoo 门户搜索引擎目录等。

在免费分类目录中，最著名的是开放式目录库 Open Directory Project（ODP），即 www.dmoz.org。向 ODP 提交网站是网站完成后的首要工作。虽然 ODP 目录是免费的，但要接受较为严格的人工审核和较长等待期，并且不能保证一提交就成功，可能需要反复提交。以下是提交必须遵守的注意事项：确保网站内容是原创而非转载、镜像或复制；不要采用虚假、作弊和夸张手段；确保网站具有良好外观；确保网站中包含具体联系信息；确保网站提交到正确的目录；记下提交日期、目录名和编辑邮箱。网站一旦被 ODP 收录，那很快就可以被 Google，Lycos，Netscape，AOL，HotBot 和 DirectHit 等大型搜索引擎和门户网站收录。

新网站在 Google 上很难有好排名，甚至没有排名，这种现象被称为沙盒效应（Sandbox）。Google 沙盒效应一般会持续半年至一年，期间应该不断完善和不断提交网站，因为它有可能被搜索引擎删除掉。在沙盒效应过后，一般会有不错的排名。百度对新站也有为期两个月的建立信任期，这两个月内，若频繁修改网站结构、文章标题，会造成百度对站点信任度的降低。沙盒效应大多用于阻止垃圾网站。当网站处于沙盒效应中时，网站管理员要不断地上传原创文章，以便自然地增加其外部链接。新网站即使已经做了很好的 SEO 优化，如拥有丰富的相关内容、大量的高质量外部链接、网站 URL 搜索引擎友好和网站结构用户体验友好等，但在刚上线的几个月内，在搜索引擎几乎没有好排名。

如前所述，Google 的 TrustRank 用于评估网站的可信度，以便改进其搜索结果的效能和相关性。决定 TrustRank 的主要因素是域名年龄和链接源网站的质量。最好的方法是要有规律地增加新内容，顺其自然；而不要操纵链接、购买付费链接或滥用关键词。

Sandbox 和 TrustRank 在本质上几乎是同一算法的两个极端。沙盒效应是网站管理员想摆脱的状态，而 Trustbox 则是网站管理员想获得的状态。当站点的 TrustRank 非常低时，该站点便进入了所谓的 Sandbox，随着站点的信任指数逐渐增加，就逐步从 Sandbox 过渡到正常状态，再进入 Trustbox 状态。在 Sandbox 中，站点不受搜索引擎注意；而在 Trustbox 中，站点会受到搜索引擎的格外重视。若站点处于 Sandbox 状态，不妨乐观地认为站点进入了 Trustbox，只是尚需赢得足够信任而已。摆脱 Sandbox 的站点才可能获得高 TrustRank 值。

8.3.3　蜘蛛搜索协议

蜘蛛搜索协议（Robots Exclusion Protocol）是业界事实标准，它不属于任何标准化组织，协议文件名为 robots.txt。网站管理员可利用该协议件对 robots 作出访问限制。若没有作出明确限制，则是允许 robots 检索的。著名搜索引擎都尊重该协议及 Meta 标签标准规范和约束。

一般把 robots.txt 放在根目录下，当 Robot 访问 Web 站点时，先检查根目录中是否存在 robots.txt 文件。若存在，它便会分析该文件，以确定是否应该访问该站点及其文件。robots.txt 有两个元素，即 User-agent 和 Disallow。其记录格式是：

<field>：<optionalspace><value><optionalspace>。

其记录通常以一行或多行 User-agent 开始，后面加上若干 Disallow 行，表示不希望 Robot 访问的 URL，每个 URL 必须单独占一行，不能出现“Disallow: /cgi-bin/tmp/”之类的语句。

相关几个参数的意思如下：User-agent 用于描述搜索引擎 robot 的名字，如果有多条 User-agent 记录说明有多个 robot 会受到该协议限制；如果需要限制 robots，那么至少要有一条 User-agent 记录。如果该项的值设为*，则该协议对任何蜘蛛都有效，“User-agent: *”只有一条。Disallow 值用于描述禁止 robot 访问的 URL，URL 是完整路径或相对路径。

在使用 robots.txt 时，要考虑以下两点：一是有些 Robots 不顾及 robots.txt，如探测 Web 安全漏洞的恶意蜘蛛、电子邮件地址 harvesters；二是 robots.txt 文件对公众是开放的，任何人都可以看到服务器对蜘蛛作出的访问限制。因此，别用 robots.txt 去隐藏信息，要隐藏信息就得通过服务器设置。

在建设网站时，良好规范是要在根目录中包含 robots.txt 文件，即使不想限定搜索引擎的搜索。robots.txt 至少有助于搜索引擎避免浪费时间去处理图像目录，因蜘蛛不愿劳心去完全检索网站，特别针对新网站。Robots.txt 有助于引导搜索引擎检索网站的重要页面。

有两种 robots.txt 文件检测工具：robots.txt checker 和 IP Lookup。前者能检查网站的 robots.txt 文件和元标签，后者有助于找出哪些蜘蛛访问了网站。

8.3.4 链接优化策略

链接是从网页指向另一个目标的连接关系，目标是 Web 上的任何信息资源，如网页、图片、程序、相同网页上的其他位置等。如果单击链接上的文字或图片，则相当于指示浏览器移至同一网页内的某个位置，或打开一个新网页。链接的锚文本很重要，从搜索引擎的角度出发，链接不要用 Flash 按钮或图片，而是使用文本，其中应有策略性关键词。

链接以特殊编码的文本或图形形式来实现信息资源之间的连接。链接是网页内的对象，在本质上属于网页的有机组成部分。各个网页链接在一起后，才真正构成网站。

链接是网站排名的重要因素，因此要为搜索引擎准备充足的基本链接（大多数搜索引擎不搜索动态链接）以便搜索。站点地图是为搜索引擎提供链接的很好方法，因此网站应提供基本链接地图。

常用的链接分类方法根据链接对象分为文本超链接、图像（多媒体）链接和 E-mail 链接等。根据链接方向分为导出链接、导入链接和内部链接。根据链接的范围，分为页内链接和页面之间的链接。根据链接地址的完整性分为绝对 URL 链接、相对 URL 链接和网页内部链接即书签。根据页面是否在服务器上存在分为动态链接和静态链接。

设计和优化链接的策略有以下 7 个。

1. 书写得体的 URL

尽量在 URL 中包含关键词。这样用户看到 URL 就可以大致了解网页的主题和内容。URL 中的关键词对搜索引擎排名还是有作用的。不能保证这是谷歌算法的因素，但排名在前的页面大多在域名或页面 URL 中包含关键词。即使它不是谷歌的计算因素，也肯定是一些小搜索引擎的计算因素。但最好不要为了放关键词而把目录名、文件名写得很长，否则肯定被搜索引擎视为作弊。

在 URL、目录名、文件名中，单词之间最好用连词符，这是 IT 规范。连词符会被当作空格处理，看起来整洁，在 Google 中也有良好表现。不要用下划线“_”，若在目录名和文件名中放上中文字或空格，这样的 URL 出现在浏览器地址栏的时候，都会变成一些编码字符。虽然搜索引擎可以辨识，但不雅观。URL 中最好统一全部使用小写字母。小写字母便于识别和键入。大多数网站基于 Unix/Linux 服务器，后者对大小写字母敏感。

URL 静态化，这几乎是必须的。虽然有很多带有一两个问号的 URL 都被收录得很好。其实能做得更好也很简单，许多搜索引擎不能处理动态 URLs。

图片链接的注释，要为链接增加 Title=“注释内容”。图片注释标签，ALT=“注释内容”，ALT 注释要简明，不要冗长，否则会被视为作弊。

2. 链接锚文本

链接的锚文本（Anchor Text）是链接中可见、可点击的文本，通常给出链接目标文件内容的相关描述或语境信息。锚文本在搜索引擎算法中的权重很高，因目标文本通常与源页面相关。搜索引擎的目标是提供相关的搜索结果，这是锚文本的重要性所在，因规律是锚文本与源页面相关。

锚文本对页面的描述比页面本身更准确，尤其对不能被基于文本的搜索引擎所检索的文档，如图像、程序和数据库等，因此锚文本的意义比页面大。

锚文本描述目标页面的内容，影响着该页面的相关性，因此避免使用“click here”链接。

网站管理员可利用锚文本获取在搜索引擎结果页面中的高排名。Google 的网站管理员应实施这种优化，研究导入链接的锚文本的单词。

锚文本可以与链接地址的实际内容相关，也可以不相关。因此，Google bombing 就利用锚文本作弊。但从 2007 年 1 月起，Google 更新了其算法，减少了 Google bombing 的影响。

3. 网站导航与内部链接

网站要具有明确的逻辑层次结构，这可用文本链接导航或图像导航实现。整个网站的结构看起来更像蜘蛛网，既有栏目组成的主脉，也有网页之间的适当链接。所有网页上都要有指向网站地图页面的链接。导航模式要利于浏览者和搜索引擎。若网站没有导航模式，页面排名将不会很好。

网站导航的目的在于引导用户方便地访问网站内容，告诉浏览者网站的主要内容和功能、浏览者所在网站的位置、浏览者访问过的页面（链接为紫色）。网站导航是评价网站专业度、可用度的重要指标。导航结构要清晰明了，网站导航链接是搜索引擎蜘蛛向下爬行的重要线路，也是保证网站频道之间互通的桥梁，超链接要用文本链接，尽量使用文字导航（文字链接）。

外部链接对网站排名至关重要，反向链接中的关键词是排名的重要因素之一。但也不要忽略了站内链接（内部链接或交叉连接）的作用。基于相似内容的相互链接对网站内分享 PR 是非常重要的，以实现网站 PR 的传递和流动。好网站的 PR 传递应该是很均匀的，首页最高，栏目页次之，内容页再次。网站不需要使其他网页黯然失色的某个明星网页，如果发现网站里面有一页确实吸引大部分流量，那么就应该把该页的 PR 通过链接分散到其他网页。若用户在浏览完一篇文章后，文章内容结尾处提供了相关文章，很可能通过相关文章进行深入挖掘，这种方式可以使用户达到最大的满意度，但要注意网页离首页不能超过三个层次。因此，可以通过网页链接影响 PR 值的传递，使某一页或重要页面 PR 值和重要性升高。内部链接可用链接的 nofollow 控制权重分布，若在链接上放 nofollow，可以主动控制链接权重及 PR 在网站中的分布。

文本链接，大多数搜索引擎对文本链接比较友好，用于一级或二级导航，每个页面都应能从一个文本链接到达。若利用图像导航，则要使用 ALT 文本。避免使用 JavaScript，除非为网站提供二级文本导航模式。

合理的网站链接结构有以下特点：首先，要建立完整的网站地图，以便搜索引擎和用户快速查找信息，网站地图中的链接指向网站的重要网页，应该在首页给予其链接指向，以便搜索引擎发现和抓取该网页。其次，网站导航是为引导用户访问网站的栏目、菜单、在线帮助、布局结构等形式的统称。网站导航中的链接文字应该准确描述栏目内容，即链接文字中要有关键词，但不要在这里堆砌关键词。在网页软文中提到其他网页内容时，要使用关键词链接到其他网页。网站导航中的文字链接如何放置需要一定的策略，这跟网站频道的重要性或网站特色有关，一般按频道的重要性依次排列。若要使用图片作为网站导航链接，那就对图片进行优化，以图片链接指向页面的主要关键词作为 ALT 内容。再者，面包屑导航的意义在于明确告知用户目前处于网站的何种位置，方便用户通过该导航快速达到上级页面，这种导航的设计是应该在当前窗口打开的。面包屑导航应该列出用户所处页面的所有上级网页的名称及链接，这里是文字链接，若频道名称、分类名称、子分类名称设计得好，则下级页面通过以关键词为锚文本的链接指向上级页面。

4. 图像链接 ALT 描述

ALT 描述是在图像装载前在图像位置上显示的文本。其正常用法是在浏览器不能显示图像时为浏览者显示该文字。利用锚文本去显示关键词是一种作弊手段，曾被滥用，被植入长串关键词列表，蜘蛛不理会它们甚至惩罚这种滥用。

5. 增加反向链接的策略

用户通过超级链接查找网站内容，搜索引擎蜘蛛通过跟踪页面中的链接以完成对网站信息的检索和处理。

对搜索引擎尤其对 Google 而言，决定网站排名的关键因素是外部有多少高质量的链接指向这个网站。外部链接或反向链接或导入链接（Inbound links 或 backlinks）是指从其他网站指向自己网站的链接。如前面所述，外部链接相当于是对页面的投票，当网站被其他网站链接时，相当于为该网站投了赞成票，这对提升网站 PR 值和搜索引擎排名有益。

如何精确查询网站的反向链接数量？反向链接可以用语法来查：link:URL。如要查百度的反向链接，就输入“link:www.baidu.com”。

优化反向链接的技术有三种，如下所述。

（1）基于 Page Rank 的优化技术

链接流行度（Link Popularity）是评价 Web 知名度的基本指标，基于外部链接数目为页面的赋值，流行度是针对页面的，而不针对网站，流行度也不能被继承。

各种搜索引擎的流行度算法不同，Google 的算法是 Page Rank，其赋值为 0～10。网站来自流行页面的外部链接越多，页面的流行度排名越高，即反向链接数量越多，说明站点越有价值，网站流行度越高。链接流行度不是本网站所能控制的，但可用策略来提高链接流行度。因此，有必要适当地建立内部链接以给页面传递 PR 值。

影响流行度的因素有外部链接的锚文本、外部链接的数目及其流行度。因此，选择链接源网页的原则是，高 PR 值页面，或 PR 值不是太高但导出链接较少的页面，或权威网站的主要页面。因此，除了追求 PageRank 外，要聚焦于权威性链接。一个高 PR 值的网站链接胜于多个低 PR 值的链接。

获取反向链接的方法很多，例如向著名搜索引擎目录如 Yahoo 和 DMOZ 提交（有助于蜘蛛发现）、专家链接诱饵、与主题相关的网站建立互惠链接（友情链接）、网络广告、站点合作等。当然其关键是网站的质量要高，有规律地更新内容，提供有价值的信息，其他网站管理员发现它有价值，就会主动进行链接，这都有助于提高网站的排名。一般而言，大多数 SEO 公司将推荐应该寻求链接的网站类型，如组织结构的网站、专业社区网站等。

（2）基于 Trust Rank 的优化技术

Google 利用 Trust Rank 区分种子页面和商业垃圾页面，因此 SEO 面临的挑战是如何找到这些种子页面或网站，并设法取得这些页面的链接。

在分析要获得链接的潜在网站时，寻找种子网站或有种子网页的网站。域名年龄很重要，因新商业域名不会被标记为种子网站，而那些开展免费服务和研发某些业务模型的老域名更有可能是种子网站或含有种子页面。若认为某个网站有种子潜力，那么值得去努力从中获得链接，这或许需要花费时间或资金，但至少将获得一个高质量链接。

因 TrustRank 问世较早，很有可能已经被 Google 改进和优化。无疑，权威性链接是有价值的，种子是权威性链接的核心所在。

（3）基于 Hilltop 的优化技术

基于 Hilltop 的优化需要找出专家文档并设法从中获得链接。基本的链接优化策略是致力于从最权威的网站获得链接。

寻找权威性网站的简易方法是在搜索结果中寻找具有权威列表的站点，权威列表中包括站内链接（Sitelinks）。

显示在有些网站的搜索结果下面的链接，叫做站内链接（Sitelinks），这些链接是为了帮助用户更好地访问站点，以帮助用户节省时间、更迅速地找到他们想要的东西。Sitelinks 是 Google 根据网站内容产生的附加链接，链接的锚文本是网站内著名的关键词或长尾词，以帮助用户浏览网站。Google 定期根据网站内容来产生 Sitelinks。Google Sitelinks 一直被认为是高质量网站的一种表现，它意味着能够产生 sitelinks 的站点在搜索引擎上具有很高的权重。有些网站具有很高的权威性，用 Sitelinks 为通用术语排序。一般而言，Sitelinks 显示为品牌搜索，如“SED Chat”。而一旦网站被显示成具有通用术语如“SEO”的 Sitelinks，则说明该网站是那个主题上的高度可信的权威。

Google 只是对部分关键词排在首位的网站才提供 Sitelinks，一般说来，这类关键词多为网站名称、品牌或商标。

万变不离其宗，建立链接要基于信息相关性。网站主题突出，就受到用户亲睐，得到的外部链接就多。如今 PageRank 技术日趋复杂，如能识别和忽视关键词堆砌等，这沉重打击了那些企图通过建立人工链接去提高排名的网站管理员。但别受“链接数量至上”这种说法愚弄，对于排名而言，质量优于数量。建立丰富而有质量的反向链接始终是 SEO 重要工作之一。

6. 建立反向链接要谨慎

随着互联网的发展，搜索引擎调整算法的频率越来越快，垃圾页面可以钻营的空间自然也就越来越少。基于这种考虑，那种号称能迅速让网站获得成百上千链接的自动处理方案应该被淘汰，这类链接来自链接养殖场（Link Farm），而后者是所有搜索引擎打击的对象。

有些网站为了防止浏览者在评论或日志中添加垃圾链接，使用了 nofollow 属性。赋予链接 nofollow 属性很简单，只需在链接代码中加入 rel='nofollow'。目前主流博客如 WordPress 和 MovableType 均自动为其留言中的链接添加 nofollow 属性，旨在杜绝作弊者试图通过这种方法提高其网站的流行度。这相当于告诉搜索引擎该链接所指向的网页非其所能控制，对其内容不予置评，或者该链接不是对目标网站或网页的“投票”，搜索引擎在计算目标网站的链接流行度时，不考虑该链接。但 nofollow 属性并没有真正解决博客的垃圾问题。究其原因：首先，很多人并不清楚 nofollow 的含义，仍以为通过评论垃圾可以提高网站的链接流行度。其次，纵使明白这不能提高网站在搜索引擎结果页面（SERP）中的排名，链接是用户到达网站的途径，只要广泛地添加链接，积少成多，也会提高自己网站的访问量。

7. 动态链接静态化

动态页面的链接是动态产生的，在返回页面内容之前，动态脚本需要一些信息，如会话标识或字符串等。动态页面基于数据库驱动，是通过脚本语言动态产生的页面。动态网站中有模板，内容一般存放于数据库中。在浏览页面时，模板调用数据库中的内容，参数被添加到 URL 上，这种复合型 URL 告诉了模板要装载的具体内容。浏览者在动态网站中通过使用查询字符串发现信息，这种查询字符串被键入表单中或被预先编码在主页上的链接中。

蜘蛛不清楚如何使用查询功能，若蜘蛛用不完整的查询字符串向服务器提交，服务器会要求信息完整的地址，这是蜘蛛不能理解的，从而可能陷入了一种死循环中。搜索引擎难以处理动态网站，因不能提供产生页面需要的信息，会陷入到动态页面服务器中而不能自拔，蜘蛛和服务器陷入无限循环之中，会导致服务器瘫痪。因此，动态网页内容对大多数搜索引擎蜘蛛是不可见的，大多数蜘蛛反感动态页面，在识别出这种 URL 后，会敬而远之，不会检索它，因此需要把这些有价值的内容转换成蜘蛛可见的形态。

这种复合型 URLs 是搜索引擎难以检索的，因搜索引擎不知道定义内容的参数。参数越多，越难以被检索到。为此，需要克服这种不完整地址问题，有两种解决方案：

第一，建立静态网关页面，连接网站中的网页。确保链接地址完整，不需要临时产生，即不包含"?"符号，在需要时，服务器能转换这些静态链接以便蜘蛛不用回答问题就能直接访问动态页面。这种网关页面要有丰富的文本，以免被蜘蛛忽视。这适合于动态页面较少的情形。

第二，对系统做技术维护，使服务器能应对蜘蛛的访问，把"?"用其他符号如"/"代换。这种方法的实施依赖于 Web 服务器的种类和集成数据库与 Web 网站的技术：Apache 有一个特制的重写模块（mod_rewrite），允许把包含查询字符串的 URL 转换形成搜索引擎能跟踪的 URL。Active Server Pages：大多数搜索引擎能检索.asp 页面，若 URL 中不含问号。XQASP 提供的一个产品能自动地用"/"代替 URL 中的问号。

8.3.5　谨防链接作弊

链接作弊利用基于链接的排名算法，诸如 Google 的 PageRank 算法，即被其他高排名网站链接得越多，网站的排名就越前。这些技术也会影响其他基于链接排名算法如 HITS。

Google 炸弹（Google bombing），是另外一种人为操作技术，通过修改页面如放置链接而直接影响页面在搜索引擎结果页面中的排名。

链接养殖场（Link Farms）：相互链接页面以创建紧密链接的社区（tightly-knit communities），也被诙谐地称为"相互羡慕的社区"。

隐藏的链接：把链接放在浏览者看不见的位置，以便增加链接流行度。而高亮度链接锚文本有助于提高相关关键词的页面排名。

垃圾博客（Spam blogs，Splogs）：为作弊而创建的虚假 blogs，基本上与 Link Farms 相似。

页面劫持（Page hijacking）：通过创建流行网站的拷贝，对搜索引擎而言，这个拷贝的内容与原网站的相似，而把浏览者导向不相关甚至恶意的网站。这通常是间谍软件和广告软件采用的方法。

购买失效的域名：有些链接作弊者监视将要失效的 DNS 记录，在失效时购买这些域名，并链接到自己页面。

镜像网站：把内容相似的网站放在不同 URL 上。

URL 重定向：未经允许而把用户带到其他网页，如利用 META refresh 标签，Flash，JavaScript，Java 或服务器端重定向等。

8.3.6　链接工具简介

URL 检测工具如下：

检测网站 URL 结构、无效链接等的工具，其地址分别是 www.wuyue.cn/soft/XENU.ZIP 和 http://validator.w3.org/checklink。

相似页面检测工具，对比两个页面间的相似度来判断是否有受到惩罚的危险，其地址是 www.webconfs.com/similar-page-checker.php。

蜘蛛程序模拟器，模拟蜘蛛可抓取到的文本及链接，其地址分别是 www.webconfs.com/search-engine-spider-simulator.php 和 www.spannerworks.com/seotoolkit/spider_viewer.asp。

CheckWeb 是强大的分析链接工具，可查看在线和离线的 HTML 网页，并对链接、错误和网页大小信息作出报告。

Mihov Link Checker 可检查网站上多个链接和本地网页。报告链接的状态，如空白网页、错误网页和被禁止访问的页面。可以将链接隐藏在文本文件中，只要点击网页就自动弹出来。

SiteLinkChecker，检查网站坏掉的链接，使用方便。轻而易举地锁定坏掉的链接和有句法错误的链接，并报告每个链接的状态。

链接流行度检测工具如下：Indexa 2.0 显示 Google 的网页级别，记录 Google，Yahoo，MSN，Altavista 和 AlltheWeb 上的返回链接数量和网页数量，只能分析 4 个 URL 地址和 2 个搜索引擎。Link Popularity Check 检查网站流行度，查出在五大搜索引擎中竞争对手。BackLinks Master 查出导入链接，分析锚文本中的关键字。www.marketleap.com/publinkpop 可同时与多个竞争对手网站进行比较。www.uptimebot.com 可同时检测 10 个著名搜索引擎的收录情况。www.seotoolkit.co.uk/link_popularity_checker.asp 检测网站的链接流行度。

8.4 关键词优化策略与技巧

利用关键词有助于获得较高的搜索引擎查询排名，这些是搜索引擎优化的基本概念。关键词很重要，值得认真推敲，有必要研究如何找到最确切的关键词，要为网站的具体页面选择具体的关键词。

关键词是用户在搜索时使用的单词或短语，也是搜索引擎在建立索引表要使用的单词。选择关键词是最重要的 SEO 任务之一，没有正确的关键词，SEO 工作将事倍功半。无论花费多少时间去选择关键词，从中获得的知识对 SEO 来说是无价之宝。

虽然关键词元标签是提高排名的金钥匙时代已经一去不复返了，但关键词优化技术仍然是 SEO 的关键技术之一，只是其应用范畴发生了变化而已。SEO 不再会把多个关键词堆砌在元标签中以获得高排名，而是去发现那些对业务最有意义的关键词，并用之于提高网站流量。

重要的关键词要体现在<title> 标签、元描述标签、<h>系列标签 、HTML 文本内容和链接的锚文本中。

8.4.1 选择关键词的策略与原则

当浏览者搜索时，若网页没有包含要优化的关键词，搜索引擎就不会列出该网页。即使有一些来自于著名的、相关的权威网站的链接指向网站，若没有合适的锚文本，那么链接也就失去意义。

关键词选择很重要，要注重网站寻找和筛选合适的关键词的过程，这需要认真的前期调研，以发现人们用于搜索的术语及其频率，提供这些术语的网站。

如前所述，在做策略性研究和挖掘各种选择之前，不要选择关键词。

关键词选择是一个策略性行为，以便决定与网站相关的查询。根据调研，找出用户查询的术语，然后再优化网站。SEO 工作是围绕关键词进行的，因此关键词的选取事关整个 SEO 工作能否有效开展。

关键词策略主要包括关键词选择、布局和密度，目的在于提高页面相关性。

选择关键词的原则是：一是要与网站具有密切相关性，找到网站内容支持的术语；二是术语要具有相对高的搜索量，即要用人们实际上搜索用的术语；三是要使用竞争性低、搜索结果量小的术语，这样获得好排名的机会就越大。当选择的关键词符合上述 3 个标准时，网站在 SERP 中领先的机会就会按指数增长。

8.4.2　关键词选取方法

根据关键词选择策略，深入研究关键词选择机制，特别是研究提取、选择和分析关键词的方法，这有助于选择关键词。

如何确定准确的关键词术语？最好的方法是调查浏览者，即“你们如何找到我们的网站”？若他们说通过 Google，然后再询问他们向搜索引擎输入什么单词。另一方法是模仿用户向搜索引擎输入你们的产品或服务，并分析排名在前的网站。还可以选择使用工具，诸如 Google 广告单词建议工具或 Overture 工具。选取关键词主要分为以下几步：

首先，理解和掌握客户的信息需求。每个潜在用户都有其独特的搜索动机。在做出选择之前，有必要经历一个决定过程。决定过程包括初步调查、审视、评估、选择等步骤，其中每个步骤都有其信息需求。以房产开发商为例来确定用户需要的信息：在初步调查阶段，调研用户能够买多大的房子？想要哪种房子？想在哪个区域居住？在审视阶段，用户关心哪个开发商能提供用户所需要的房子，哪个开发商在用户向往的区域有社区。在评估阶段，评估开发商的信誉度，用户需要等多长时间才能拿到钥匙等问题。在选择阶段，用户关心如何购买房子，贷款额度等。

其次，找出初步关键词列表。先找出与网站相关的 10~20 个关键词。网站管理员在业务思维方式上不同于普通用户，对同一内容，可能用不同术语。例如，财务机构或许称其产品为 auto loan，用户在搜索时会用 car loan，甚至是 car loans。即网站管理员想到的术语或许太泛，或许太窄，不适于 SEO 需求。一旦知道了用户的搜索目的，就思考用户在搜索时会用到的关键词。研究下述问题有助于得到一些样品关键词，如用户想要哪种房子？独院、半独院或楼房；用户想在哪个区域居住？凤凰家园，还是在水一方？用户要抵押贷款的额度和贷款利率是多少？

再次，形成关键词列表。关键词是潜在用户感兴趣的，但其中不乏与网站不相关的关键词。可通过脑风暴和下述方法形成主题性列表：①逐页扫描网页以寻找术语；②审视分析结果，以决定哪些术语会被用于搜索和发现网站；③要询问同事特别是销售团队，要咨询最终客户。实施这个过程，可以得到与业务有关的关键词列表。若从第一步开始，根据信息需求，这些列表应该是主题性的。把这些术语分组成更具体的主题，就能大致找出这些列表和网站各内容区域的对应关系，这是很有益的。

再者，利用关键词工具。了解搜索引擎用户在用什么关键词搜索之后，借助于在线关键词工具，就可以找出人们实际上在用什么关键词搜索信息。这类工具一般收集和存储着几个月甚至几年的与搜索引擎查询相关的数据，还提供了相关术语，如同义词、变体、复数形式和错拼字等。这有助于了解用户搜索用的术语及其频率。这些工具不仅提供搜索量信息，许多还给出每个术语在搜索结果中的数目（即竞争水平）。

把列表中的关键词术语逐一拷贝和粘帖到关键词工具，每运行一次搜索，该工具将返回与该关键词相关的各种查询变体，如复数形式、错拼、相关术语和同义词等。其中，有些与业务相关，有些将不相关。然后把这些结果输出到电子表格文件中。

目前有几款工具有助于关键词选择，如 Keyword Discovery 和 Wordtracker，Google 的 Adwords 关键词工具提供相关术语的列表。MSN 在其 adCenter Labs 中提供了一套工具，这包括关键词预测。注意免费工具一般不提供竞争性数据，这意味着要用搜索引擎手工搜索每个关键词，以检查返回的搜索结果的数目、时间耗费等。

SEO Chat，一款针对 Google 的关键词建议工具，有助于为网站管理员的术语选择业界相关并流行的同义词。

Good Keywords，为网页找到最好的关键词。功能：关键字建议，编撰或创建关键字或关键词短语，检查拼写错误，判断网站及链接的流行度等。

Golden Phrases，分析性实用程序。检查指定的日志文件，检索访客们在网站上搜索过的关键词短语。无论任何短语，只要被搜索过，就可以统计出其被使用的次数，判断出网站位置。它独特的透明值技术还有助于找出未被使用的关键词短语。

PPC Keyword Generator，强大的关键词短语的交换器 / 生成器，在几秒内就能发现 100 多个关键短语，自动删除重复的关键词短语，对每个关键词短语的付费点击、网址和输入及输出都做详细说明。

Hixus Keyword Inventor，搜索引擎优化的软件工具。为 Overture 关键字意见工具中的关键字流行度做前期分析，加快了寻找流行关键字的速度。

e3KWD Check，小型、快速的搜索引擎优化工具。分析文本文档里的关键字密度，通过固定的地址栏恢复和分析在线网络文档。

Get Keywords，找出存储器中的关键字，并用找到的关键字优化网页。特点是自动搜索词条，增加或删除关键字，创建网页和网页预览。

Keyword Digger，为人们在 Overture 中搜索过的关键词而特别设计的，它可以计算关键字被搜索的次数，显示同一个关键字的一百多种变化形态。

AnalogX Keyword Extractor，提取网页的关键词，然后根据用法和位置对其分类和索引。一旦被索引，就可以调整搜索引擎特定的权衡因素和关键词标准，使网站得到搜索引擎的最好评价。

最后，确定关键词。对该电子表格文件进行处理。逐项检查，并锁定到最适合和最希望的术语。这需要一些手工劳动，利用电子表格的排序和过滤功能有助于减轻工作量。下述建议有助于选择关键词：消除了重复的关键词，过滤结果只显示一次记录。使用在线关键词工具，找出搜索量和竞争数据，设置阈值以消除不满足条件的关键词。瞄准长尾（longer tail）术语，而消除单个关键词，要用诸如“宁夏医科大学”这种长尾关键词，而不能用“宁夏”“医科”“大学”这类宽泛的关键词。浏览列表，并手工删除不合适的、与上下文不相关的术语。要保持错拼的单词，网站管理员不希望因为其拼错的单词而失去潜在客户，Google 在这方面做了很好的防范工作。

按上述方法操作后，留下的就是相对适应各个内容域的列表，这依赖于市场的流行度。在每个列表中应只留下 10 个左右的术语。

每个页面应该有 2～3 个关键词。在电子表格中产生一个新栏目即“网页或其链接地址”并输入适于每个关键词的潜在页面。然后按页面分类，检查每个页面上候选的关键词，进一步编辑页面，直到满意。

8.4.3　关键词布局技术

关键词至关重要，搜索引擎根据术语出现的位置，赋予其相应的权重。关键词要出现在一些重要地方，如 Title 标签、软文、锚文本、靠近页面顶部的文本、Headings 标签和被强调的文本内容；也要出现在一些次要地方，如图像文本 Alt text、描述标签、域名和 URL 中。但不要刻意追求关键字堆积，否则会触发关键字堆砌过滤器，招致搜索引擎的处罚。

提高关键词排名的技巧是，在 URL 中用关键词（英文）；在页标题（title）中用关键词；在关键词标签中用关键词；在描述标签中用关键词；在<h>系列权重性标签中用关键词；在链接锚文本中用关键词，在锚文本周围要有关键词；在图片的文件名中用关键词，在其 ALT 属性中用关键词；在软文中用关键词，特别在第一段，并且要把页面中核心关键词密度控制在 6%～8%。

8.4.4　谨防关键词作弊

元标签堆砌(Keyword stuffing)：在元标签中堆砌关键词，利用与内容无关的关键词。这个方法自 2005 年起已经失效。旧版本搜索引擎只计算关键词出现的频率并用于确定相关性。而大多数现代搜索引擎有能力分析页面是否被实施关键词堆砌以吸引搜索引擎流量。20 世纪 90 年代中期蔓延的垃圾索引（Spamdexing）曾一度使搜索引擎显得苍白无力。Google 通过著名的 PageRank 链接分析算法，产生了较好的搜索结果，并成功地反击了关键词作弊，从而一举成为主流搜索引擎。虽然未因 Spamdexing 而失效，Google 也不得不采用更复杂的方法，对 PageRank 进行了相应调整来提高其对各类作弊方式的监测灵敏度，但这些调整没有从根本上解决 SEO 合法作弊的问题。

8.5 网页优化策略

Web 页面由两部分组成，即<head>和<body>。浏览器显示网页<head>名称（Title）、链接地址（URL）和<body>中的正文。

在设计和优化网站时，首先考虑优秀网站内容要具有原创性：原创而丰富的内容，容易被其他网站引用，就能获得较高评分，排名自然会好。其次网页内容的逻辑层次要清新，要用包含关键词的标题标签，导出链接要少，图片要加上 ALT 注释，要合理地加图片说明，同时为页面文件减肥。最后考虑搜索引擎要利用的元数据如关键词和描述元标签等。

合理调整页面中关键词的频率，关键词在网页中出现频率保持在 3%～8%比较好。网页文本中的关键词要突出显示，可以用<B></B>或醒目颜色来表示。

8.5.1 合理设计头标签内容

页面文件的头标签<head>中包括<title>标签和一些元标签<meta>。

Title 标签。页面<title>是页面名称，要尽可能具体，该标签的文本内容是浏览器中的醒目提示栏和书签中的题目。title 标签中的文本将被用作搜索结果中页面的标题，对搜索引擎至关重要，是搜索引擎决定页面排名的重要因素之一，理应受到重视。如公司的主要业务是在伦敦销售 teapots，则应命名为“Teapots for sale London”，而不是“Home”。因此，尽量使用与文本内容和关键词匹配的页面 title 内容，考虑通过搜索引擎查询页面关键术语，并把这些术语以简短描述的方法融入到 title 标签中。titile 不超过 25 个汉字，对页面唯一，在 title 中要合理突出 1~2 个关键词。

Meta 标签。元标签是隐藏性标签，是一种结构化元数据，用于提供有关 HTML 文档的基本信息。这类信息往往是浏览者所不关心的，浏览器不显示这类信息，对浏览者是不可见的。但元标签常用于协助搜索引擎正确地分类页面，是搜索引擎可理解和解析的。搜索引擎蜘蛛要利用这类信息去了解要抓取的页面。目前，大多数 Web 搜索引擎不太考虑简要描述标签以外的其他元标签。

元标签总以 name/value 对形式提供信息。元标签有四个属性，即 content，http-equiv，name 和 scheme，其中只有 content 是必要属性。name 和 http-equiv 属性提供名称信息，一些常用名称是：标识页面主题的单词关键词（Keywords），它有助于搜索引擎分类网站；对页面的简要描述（Description）应包含关键词，这个标签享有搜索引擎的广泛支持，很值得使用，使用该标签的搜索引擎将在显示链接列表时提供这个标签的内容；用于限制搜索引擎搜索页面的 Robots，这个标签得到搜索引擎的全面支持，但只有在不想让搜索引擎检索页面时才需要它；网页编码和语言注释标签主要是面向浏览器的，不同语言的编码都不同，所以做外文网站的时候一定要注意，最好用潜在客户使用的操作系统的编码，要不然潜在客户看到的网页将是乱码。

robots 元标签允许说明不让搜索引擎检索页面或跟踪其中的链接。要排除蜘蛛搜索，可在相应页面中加入这种说明性标签。robots 是一种事实标准，得到了搜索引擎的广泛支持。

robots 的格式为：<meta name="robots" content="index,follow">。其中，name 属性是 robots，content 的合法值是 index，noindex，follow 和 nofollow 等，其缺省值是"index,follow"，即蜘蛛将检索网站所有页面，并将跟随其中的链接。index 指 Robot 可以索引含此标签的网页，noindex 指不要索引含此标签的网页。follow 指 Robot 可以跟踪含此标签的网页里的特定链接，nofollow 指不要跟踪含此标签的网页里的链接。archive 指蜘蛛可以存储含此标签的网页的快照，noarchive 指蜘蛛不要存储含此标签的网页的快照。nosnippet 指蜘蛛不要在搜索结果页的列表里显示含此标签的网站的描述语句，并且不要在列表里显示快照链接。noodp 指蜘蛛不要使用开放目录中的标题和说明。

在使用 robots 时，要考虑到网络蜘蛛可能不理会元标签，特别是黑客探测 Web 安全漏洞的恶意蜘蛛、电子邮件地址 harvesters，即元标签不是阻止搜索引擎检索网站内容的最好方法。因此不必使用 robots 标签去帮助页面得到检索，更可靠和有效的方法是利用蜘蛛访问协议即 Robots.txt 文件，而不需要逐页添加 robots 标签。

元标签曾经是搜索引擎优化的关注焦点之一。在 20 世纪 90 年代中后期，搜索引擎依赖于元标签去分类页面，网站管理员随即就明白了元数据的商业价值，即在搜索引擎中的排名会带来网站的高流量。随着搜索引擎流量在网络营销中日益重要，一些熟悉搜索引擎如何处理网站的人（咨询师）便纷纷利用各种技术（无论合法与否）去为其客户改善排名，利用各种方法为网站在搜索引擎上提供较好的排名。一些作弊行为，如元标签中的关键词堆砌，企图回避搜索引擎排名算法，因此元标签曾被严重滥用。随着搜索引擎蜘蛛日趋完善，元标签的作用急剧减小，如今元标签业已失去往日风光。

但仍有必要重视元标签，因有些搜索引擎仍然对元标签感兴趣。若过分重视元标签以愚弄搜索引擎，就会被揭穿并受到应有的惩罚。元标签不是把网站推送到搜索结果页面前列的“银弹”。它们是工具，有助于提升网站在那些使用元标签的搜索引擎中的排名。利用它们可使网站的更多页面被收录和浏览。

元标签设计原则是：元标签主要面向搜索引擎，关键词和描述元标签尽量可能对页面唯一，即每个页面要有其独特的、与网页内容相符合的、简明的关键词和描述信息；元标签内容要简短，长度要合理，若用多个关键词，用英文逗号隔开，即关键词要用最简单、最明确的内容。

下面介绍几种元标签生成器：

Head，用于建立完整的标题区，包括 CSS 层叠样式表。Head 可生成所有正在流行的 Meta 标签代码，并创建专门的标签，引出文件的关键字和文件的描述。Head 具有编辑彩色样式表格和检查拼写，更换搜索，语法凸显等功能。

Metty Meta Tag Maker，可同时创建 33 个 Meta 标签，让搜索引擎毫不费力地索引到网站，使用方便无需具备 Meta 标签知识基础。

Search Engine Buddy，无论网页在线还是离线，都能分析其 Meta 标签和网页内容，创建最好的 Meta 标签，根据要求创建相关的网页内容，分析搜索引擎的排名算法。

MetaWizard，简单的基本 Meta 标签创建工具，为网页建立基本的标签。

8.5.2 网页内容

大多数搜索引擎注重页面的文本内容和页面题目，并认为其搜索相关性高于元标签。因此，要保证页面有相关的标题和内容。

网页内容（软文）很重要，许多搜索引擎看重在内容中有相关术语的页面，而不是术语重复出现多次的内容。相关、及时和唯一的内容自然会被链接。网站的内容要丰富、原创性强、更新及时。

关键词丰富的文本。内容写作要注重内容质量、更新频率与关键词的相关性。大多数搜索引擎注重文本的开始部分内容，把关键词放在段落和标题的开头。文本首先是为人写的，其次是为搜索引擎写的，使关键词醒目也有作用。为每个页面选择一两个关键词或短语，使用用户熟悉的语言，避免形成关键词堆砌而受到搜索引擎惩罚。

根据经验，吸引蜘蛛的原则是：一是要提供文本和注重正文，没有文本的页面很难获得高的排名，这点对主页特别重要。若主页上没有文本，那么蜘蛛可能会立即停止搜索。最好有规律地更新，提供实效性的、主题性的文章，原创的内容最佳。二是内容围绕页面关键词展开，与网站主题相关。要研究关键词，找出好点子，写好软文，即以一系列关键词为基础的内容。三是分段要合理，逻辑分割，使用黑体等醒目标识强调重点。四是提高写作技巧，学习适合网上人群的写作方式：多分段，使用短句子。五是蜘蛛有停止词列表，主要涉及成人内容和亵渎性语言。当发现这种关键词时，蜘蛛就会放弃这种网站。若某个页面有这种关键词，可以在 robots.txt 文件中限制对它的访问。六是若页面中有大量链接，要确保有相关的文本内容伴随。纯链接页面总被蜘蛛忽视，甚至会受到惩罚，而若有描述则可避免这个问题。

权重性标签。搜索引擎关注页面<h>标签中的内容，并认为紧跟其后的内容才是最重要的文本区。对页面中的关键内容如关键词，可使用权重性标签进行标注，以体现其关键性，如 H1 和 H2 等标签。

用 PaRaMeter 可以检查和监督 Google 大多数的网页级别，只要打开网页就可以轻易看到其网页级别。M6.net PageRank Checker 是检查 Google 大多数网页级别的简单软件工具。用 http://toolbar.google.com 和 www.trafficzap.com/pagerank.php 可检测 PageRank 值，用 www.seochat.com/seo-tools/future-pagerank 可查看 PR 值是否处于更新期间。

8.5.3 谨防使用页面框架

为便于一次性更新网站的导航菜单，为浏览者提供统一的导航菜单、站点名称和站标，大多数网站管理员喜欢使用框架（Frames）。框架本质上是页面内的页面，因破坏了 Web 赖以存在的一个文档对应一个 URL 的模式，因而给浏览者和搜索引擎带来了特殊问题。

浏览者不能为基于框架的站点的内部页面做书签（Bookmark），当点击链接浏览那些基于框架的内部网页时，不能导航到网站其他页面。因为该内部页面在被浏览器装载时，没有导航菜单，不能装载相应的<frameset>。当内部（Framed）页面出现在 Google 搜索结果中时，总显示<frameset>页面的<title>和<meta>描述信息，而不是该页面的<title>和<meta>描述信息，因此用户不愿意点击。

基于框架的网站也困扰着 SEO 和排名。搜索引擎排名算法主要基于链接流行度，网站的主页通常最好。而在基于框架的网站上，主页只包括<frameset>布局和“Your browser doesn't support frames”，而信息在<noframes>部分。其不当之处在于<frameset>中没有相关的内容，因此搜索引擎无法对这种网页进行排名操作。

总之，Frames 困扰着大多数蜘蛛，移去那些使用框架的页面亟待解决。若绝对不能避免时，要知道在设计网站时如何处理框架的技术，以减少这种问题。若非要用 Frames 不可，那么要利用好<noframes>标签，并在其中包括向网站地图的链接，或列出指向页面及其直接链接的内容页面（而非指向 framesets 的链接）。可以通过使用 JavaScript，在浏览器中跟随链接时迫使 framesets 出现，这是蜘蛛总忽视的。这虽然需要做很多工作，但至少可以使之出现在搜索引擎结果列表中。

8.5.4　页面代码的优化

庞大的代码很不雅观，因此应审视网站，为网页减肥。代码肥大页面指那些标记多而内容少的页面，有些工具可以显示页面内容的百分比。下面是几个代码肥大的主要原因及其解决办法。

无用的元标签。许多元标签其实没有什么作用，如关于语言、作者、版权、类型、主题等标签，需要消除。只需保留 description，keywords 和 robots 等有用标签。

表格（table）肥大。可把表格转换成列表，如各种 list。

CSS 肥大。为 CSS 文件减肥，可减少 25%~50%，这可利用 Clean CSS 工具。

所见即所得（WYSIWYG）肥大。WYSIWYG 编辑器也是代码肥大的罪魁祸首。如它产生下述代码：<span style="font-weight: bold;">This is bold text</span>。更好的方法如下：<strong>This is bold text</strong> 或<b>This is bold text</b>。<strong>标签用于强调文本，而<b>标签用于使文本醒目。这在浏览器中没有差别，浏览者能辨认出这种差别。

注释肥大。注释有利于向其他开发人员解释代码的作用，但也占用宝贵的带宽，从而导致注释肥大，特别在 JavaScript，HTML 和 CSS 文档中。消除 JavaScript 中的注释，能减少页面大小 25%~50%，这很值得。同时也值得检查引用的 JavaScript 库文件。CSS 很复杂，如注释价值就不大。HTML 中的注释也需要消除。

会话(Session)ID 肥大。在 PHP 中会话 ID 是 32 个字符，并依附于页面中每个链接。会话 ID 肥大：32 字符×50 个链接=1.6kb。除此外，会话 ID 对 SEO 是危险的，因此无论如何应排除 URLs 中的 ID。

上述仅是为网页减肥的部分方法，Google 偏爱洁净的代码，但不尽然。即使为了浏览者，也有必要为代码减肥，起码可以减少带宽占用。总之，在实施时要注意，利用外部 JavaScript 和 CSS 以减小页面下载时间，避免使用 Frames。对于只含 Flash 的页面，要包括 skip 链接、title 和元描述标签，在请求者是搜索引擎蜘蛛时，省略 Session ID。

SEO 友好的网页设计应该做到：网站的各个页面结构尽量保持简单和一致。网页文件大小适中，以便提高搜索引擎读取时的速度。为网页指定明确单一的内容主题。通过频道导航(特别是首页)，并在网页中放置关键字，以及在频道导入、导出链接中，用关键字突出主题。不要轻易使重定向、框架等对搜索引擎不友好的页面处理方式。尽量把关键字放到网页文件名、图片名和图片替代文字中。通过页面的 title 和 description 突出主题。标题(title)要简明扼要，并将关键字置于其中以突出主题。把关键字和文章分段标题，重要段落用显现方式突出网页要表达的主题。可以通过关键字在文章标题、正文、显现方式中出现的频率来体现页面的独特性。网站栏目和网页内容保持规律性的更新，通过评论等形式保持页面内容更新。尽量不要出现大量相同或相似的内容页面，文章正文内容不要过短。

8.5.5　谨防内容作弊

要谨防页面作弊和可编辑页面被利用。

谨防页面作弊。页面作弊技术企图更改搜索引擎对页面内容的逻辑视图，妄想篡改矢量空间模型，其常用手法有：

隐藏不相关的文本：通过使用与背景相同的颜色、微型字体或在 HTML 内隐藏（如 no frame）、ALT 属性、零宽度/高度而伪装关键词和短语。

门页（Gateway 或 Doorway Pages）：创建低质量 Web 页面，内容很少，只是一味地堆砌很相似的关键词和短语。其目的是追求在搜索结果中排名，而不为搜索者提供信息。门页通常在页面上有“click here to enter”提示。

剽窃的网站（Scraper sites）：也称为 Made for AdSense 网站，利用程序从搜索引擎结果页面或其他信息源提取内容，并用之于创建网站。这些网站表现内容的形式独特，仅仅是从其他网站剽窃内容的融合。这种网站通常充斥着广告，或为把用户导向其他网站，但这种网站因其信息和组织名称反而可能在排名上优于被剽窃的网站。

伪装（Cloaking）：指为蜘蛛提供的页面不同于为人类提供的页面的技术，企图在网站内容上误导搜索引擎。然而，伪装也能用于使残疾人访问网站，或为人类提供搜索引擎不能处理或解析的内容。它也用于基于用户的位置提供内容，Google 也利用 IP delivery（一种伪装）提供结果。另一种伪装是代码偷换，即把优化到排名前列的页面换成其他页面。

谨防可编辑页面被利用。用户可编辑的网站，诸如允许边界的 Wikis 和 blogs 等，若不采取反作弊措施，能被插入导向垃圾网站的链接。常用作弊手法如：

（1）在博客中的作弊：在其他网站上随意放置链接诱饵，在导入链接的锚文本中放置关键词。留言板、论坛、博客和接收访客评论的网站都是被利用的目标，而成为作弊的牺牲品，代理软件能发无意义的帖子，并带有不相关的链接。

（2）评论作弊：有些网站允许用户动态编辑。诸如维基、博客和留言本，这可能导致问题，因代理软件能自动、随机地选择用户可编辑的网页而添加作弊性链接。

（3）维基（Wiki）作弊：利用维基系统的开放编辑功能在 Wiki 网站放置到垃圾网站的链接，而被链接的垃圾网站的主题一般与维基页面无关。在 2005 年早期，Wikipedia 实施了缺省'rel'='nofollow'。具有这种属性值的链接被 Google PageRank 算法忽略。论坛和 Wiki 管理员可利用这种技术去打击维基作弊行为。

8.6 Google 搜索引擎优化指南

Google 是主流搜索引擎，有必要了解其优化策略。

8.6.1 导航优化

充分利用 robots.txt 文件。robots.txt 文件告诉搜索引擎是否该访问并抓取网站的某些部分。该文件的名称必须是 robots.txt，放置在网站根目录中。Google 网站管理员工具有友好的 robots.txt 产生器，有助于创建该文件。若网站利用二级域，不想让特定二级域中的某些页面被抓取，应为该二级域单独创建 robots.txt。robots.txt 的详细信息可参见网站管理员帮助中心中的参考文件。

很多方法可用于阻止文件出现在搜索引擎结果中，诸如为 robots 元标签添加 Noindex，利用 htaccess 口令保护目录，利用 Google 网站管理员工具把已经抓取的内容删除掉。对敏感内容要使用更安全的方法，用 robots.txt 去阻止敏感或保密材料被抓取不是上策，原因之一是搜索引擎仍然会引用这些被“阻止”的 URLs。其次，一些搜索引擎不遵守 Robots 协议，不理会 robots.txt 指令。再者，好奇用户会探测 robots.txt 文件中的目录或子目录，猜测网站不想公开的内容的链接。因此，加密内容或用 htaccess 设置口令保护文件是更安全的办法。

利用网站地图和网站导航优化。网站导航有助于浏览者快速找到目标内容，有助于搜索引擎理解网站管理员认为重要的内容。虽然搜索结果只提供页面层次的内容，Google 也喜欢了解页面在整个网站中的角色。

网站主页是网站中最被频繁访问的页面，也是网站浏览者的始发地。网站页面层次多时，应考虑浏览者如何轻易从通用页面到具体内容页面。若围绕某一具体主题的页面很多，那么做一个描述这些相关页面的页面很有必要，如：主页->主题列表->具体主题。

在网站中要放置 Sitemap 页面，要利用 XML Sitemap 文件。Sitemap 页面包含网站内所有或主要链接，显示网站结构，通常只包含网站页面的层次性列表，浏览者若在网站中找不到页面，则可通过该页面去查询。搜索引擎也访问该页面，以全面抓取网站页面，但它主要是为浏览者服务的。要防止 Sitemap 过时，避免只罗列页面而没有按主题组织。为网站建立 XML Sitemap 文件有助于确保搜索引擎能找到网站中的页面。XML Sitemap（首字符大写）文件可通过 Google 网站管理员工具递交，以便 Google 容易找到网站中的页面。Google 创建了开源 Sitemap 构造器脚本以便创建 Sitemap 文件。

创建自然流畅的层次结构，使之尽可能有助于浏览者从一般内容到具体内容。避免创建复杂的导航链接，如页面之间的全通链接。避免横向切面链接。尽量利用文本导航，使之有利于搜索引擎抓取网站中的页面。大多浏览者也喜欢这种导航，因许多设备不支持 Flash 或 JavaScript 文件。避免使用完全基于下拉菜单、图片或动画的导航。

利用“面包屑”导航，面包屑是位于页面顶部或底部的内部链接组成的行，允许浏览者快速回溯到前面的页面或主页。许多面包屑以主页链接开始，逐步向具体页面过渡。

要考虑浏览者用截取的 URL 访问网站的情形，要为这些用户有所作为。浏览者有时会因敲错了链接地址而访问网站中并不存在的页面，要有友好的 404 页面，以便指导浏览者返回可用的页面，这有助于提升用户的体验度。

8.6.2　链接优化

优化 URLs 的结构，为网站文档创建描述性分类和文件名有助于更好地组织网站以及搜索引擎更好地抓取页面。创建容易的、友好的 URLs 有助于别人为网站创建外部链接。浏览者会困惑于繁长的、加密的、可识别字符很少的 URLs，这类 URLs 容易引起混淆，浏览者难以记忆，也不便于为它创建外部链接。有些浏览者会利用页面的 URL 作为锚文本，与 ID 和稀奇古怪的命名参数相比，若 URL 包含相关单词将为浏览者和搜索引擎提供更好的页面信息。最后，切记文档的 URL 作为 Google 的搜索结果将被显示在文档 title 和在 Google 搜索结果的页面摘要（snippet）。如同 title 和 snippet，若 URL 中的单词出现在用户查询中，则会被显示成黑色字体。

深层次页面具有能反映内容类型的 URL，也出现在结果中。Google 擅长于抓取各类 URL 结构，有些网站管理员通过把动态 URLs 改写成静态 URLs 来实现，而 Google 能很好地处理动态 URLs。静态化地址是一项高级的技术处理，若处理不当，会导致抓取页面时出问题。良好的 URL 结构设计，推荐参照网站管理员帮助中心关于对 Google 友好的 URLs。

在 URLs 中使用单词，特别是要使用与网站内容和结构相关的单词，这有助于浏览者浏览网站、记住地址和导航网站，或许因此更愿意为网站做外部链接。避免使用带无谓参数、会话 ID 和繁长的 URLs；避免使用通用页面名称，如 page1.html；避免重复使用单词。

创建简单的目录结构，利用目录结构去组织内容，这有助于浏览者实时了解其在网站中的位置。要利用在 URLs 中找到的目录结构去猜测内容类型。避免使用子目录的深层次嵌套结构，如.../dir1/dir2/dir3/page.html。

到达页面的 URL 最好只有一个版本，要防止通过 URL 的多个版本访问页面，以免页面的信用度受损。要注意在导航和内部链接中都是用相同版本的 URL。若发现人们使用多个 URLs 访问同一页面，那么设置从非首选的 URLs 到首选的 URLs 301 重定向。

提供从根目录和子域同时能访问同一页面，如 domain.com/page.htm 和 sub.domain.com/page.htm；避免在内部链接结构中混合使用 URLs 的 www 和 non-www 版本；避免在 URLs 中使用大写字符。

书写良好的锚文本。锚文本是显示在链接上可点击的文字，旨在为用户和 Google 提供目标页面的信息。链接可以是内部链接，也可以是外部链接。锚文本越好，用户越易于导航，Google 也越易于理解目标页面的内容。选择描述性文本，锚文本应该至少提供目标页面的基本信息。避免用一般性词汇如“页面”、“文章”等，避免使用与目标页面内容离题或不相关的文本，避免使用链接地址作为锚文本。书写简短而具有描述性文本，通常是几个单词或短语即可，要避免冗长的锚文本，诸如长句子或短段落。使用格式化链接方便用户区分文本和锚文本。若用户错过了链接或很少点击链接，则内容价值就没有得到应有体现。避免使用 CSS 或文本样式，后者使链接看起来如同正常的文本。此外，也要考虑内部链接的锚文本，这有助于用户和 Google 更好地导航网站。

利用链接的 rel 属性。把链接的锚标签中的 rel 属性值设置成 nofollow 将告诉 Google 不要抓取链接对应的页面或不把原页面的信誉度传递给该目标页面。页面中的日志评论区域很容易造成评论垃圾。若网站有公众可评论的日志，则评论中的链接会把原页面的信誉度传递给浏览者不情愿的页面。为浏览者评论中附带的链接设置 rel="nofollow"可保证不把原页面辛苦得来的信誉度专递给垃圾页面。许多日志软件包会做这种屏蔽处理，若没有用这种软件包，最好人工处理。这种建议也适用于网站中的涉及动态交互的区域，如留言板、论坛、传呼版、提交清单等。若网站管理员情愿由第三方增加的链接，则没有必要这么做。若想把整个页面中的链接都设置为不可抓去，则可以在<head> 标签中的 robots 元标签中使用 nofollow。Webmaster Central Blog 提供了如何使用 robots 元标签的提示，其基本方法是：<meta name="robots" content="nofollow">。

优化图像使用方法。图像有其唯一文件名和 ALT 属性，应该可加以利用。ALT 属性用于指定在图像因故不能显示时的替代显示内容。图像因故不被显示时，至少 ALT 文本内容会被显示。另一个原因是，若使用图像作为链接，该图像的 ALT 文本将如同文字链接的锚文本。然而不推荐使用过多的图像作为网站导航中的链接指示，文本链接足矣。

再者，优化图像文件名和 ALT 文本会使 Google 图像搜索更好地理解图像。

使用简洁而具有描述性的文件名和 ALT 文本。尽可能避免使用宽泛或很长的文件名，避免在 ALT 文本中堆砌关键词或粘贴整个句子。

若用图像作为链接，要提供 ALT 文本，这有助于 Google 更好地理解目标页面，它如同文本链接的锚文本。把图像存储在单独目录中，而不要分散存储在多个目录中，这有助于管理和搜索。利用常见的文件类型，如大多数浏览器支持的 JPEG，GIF，PNG 和 BMP 等图像格式。

8.6.3　页面优化

创建唯一、准确的网页 title。title 标签为用户和搜索引擎提供具体页面的主题信息。网站的每个页面最好都有其唯一 title。若出现在用户的搜索结果中，title 中的单词被加黑显示，这有助于用户识别该页面是否与搜索相关。主页的 title 可以罗列网站或业务的名称，也可以包括其他重要信息如经营场所信息或几个主要聚焦点或服务等。网站中深层页面的 title 应精确描述该页面的关注点，也可包括网站或业务的名称。

选择能表达页面内容主题的 title 精确描述页面的内容，切勿使用与页面内容无关的 title，以及缺省的或含糊的 title。为每个页面创建唯一的 title 标签，这有助于 Google 了解该页面与其他页面的差别。要避免多个页面共用一个 title。利用简洁性和具有描述性的 title，title 要简短并具有信息性。若 title 太长，Google 在搜索结果中只显示出其部分。使用冗长的 titles 并无助于用户，也要避免在 titles 标签中堆砌无谓的关键词。

利用描述（Description）元标签。页面的描述元标签为搜索引擎提供页面内容的摘要（snippets）信息。页面的 title 可以是几个单词或一个短语，页面的描述元标签可以是一两个句子或一个段落。Google 网站管理员工具提供了便利的内容分析机制，将检测描述元信息是否太长、太短或被复制多次。

准确综述页面内容，书写既具有信息又使浏览者感兴趣的描述，用户把它视同为搜索结果的 snippet。要避免书写与页面内容无关的描述元标签。

每个页面的描述应该是唯一和独特的。不同的页面有不同的描述，这有助于浏览者和 Google，特别在搜索中，浏览者可以看到网站的多个页面(如利用“site:operator”搜索)。若网站页面很多，则手写描述元标签不可行。这时可以基于页面内容自动生成描述元标签，避免多页面共用描述元标签。

正确地使用标题标签。标题标签可用于表示页面的层次结构，它依次有六个大小，从最重要的<h1>到最次要的<h6>。因标题标签使包含在其中文本比页面中正常文本显得大些，这为用户提供了线索，说明该行文字是重要的，有助于理解该标题之后内容的类型。若用多个大小的标题，内容呈现层次结构，有利于浏览者导航。如同为一篇文章写大纲，在页面上提炼出主要观点和子观点，确定标题的合适位置。避免把文本内容放在标题标签中。

在页面中使用稀疏的标题标签，页面中过多的标题标签会使用户难以浏览内容和确定主题范围。要避免过多地通篇使用标题标签，以及把通篇内容放在一个标题标签中或把标题标签只用于表示样式而不表示结构。

撰写高质量的页面内容。创建强势和有用的内容将比其他因素对网站更具有影响力。

用户知道好内容后就推荐给其他用户，口碑有助于提升网站在用户和 Google 中的声誉，没有高质量内容，很难获得声誉。

书写易读的文本，用户喜欢书写良好和容易浏览的内容。要紧紧围绕主题组织内容。组织内容以便浏览者掌握主题范围总是有益的。对内容进行逻辑分块有助于用户快速找到相关内容。避免不加分段、不加标题或不加布局分割地把涉及许多主题的内容放到一个页面上。

措辞要得当，考虑浏览者要使用哪些词汇从网站查找信息。了解主题的浏览者在搜索时会使用到的同义词，要留意浏览者的搜索行为差异，并做记录以便在编辑网站内容时混合使用同义词，这会产生出其不意的效果，Google AdWords 提供了便利的关键词工具（Keyword Tool），这有助于发现关键词的变体搜索。

创建新颖内容，新内容不仅有利于留住现有浏览者，而且也有易于招揽新浏览者。避免在网站中使用或拷贝旧内容，这对浏览者没有任何价值。提供独特的内容或服务，要创建其他网站没有的、全新而有用的服务。记录研究的原始信息，形成新内容页面，以提供浏览量。

主要为浏览者创建内容，而不是为搜索引擎。围绕浏览者的需求设计网站，同时兼顾使搜索引擎容易访问，这会有好结果。避免插入只针对搜索引擎而会惹恼或对浏览者无意义的莫须有的关键词；避免欺骗性地对浏览者隐藏文本，而只显示给搜索引擎。

8.6.4 优化工具

利用免费的网站管理工具。大多数搜索引擎为网站管理员提供了免费工具。Google 网站管理员工具有助于网站管理员更好地控制 Google 与其网站的交互方式，并从 Google 得到网站的有益信息。利用 Google 网站管理员工具有助于网站管理员识别和解决相关问题，以便在搜索结果中得到良好表现。利用这个工具，网站管理员可以找出网站中哪些不利于 Googlebot 抓取的部分页面，上传 XML Sitemap 文件，分析和创建 robots.txt 文件，删除已被 Googlebot 抓取的文件，识别 title 和 description 元标签中的问题，理解用于达到网站的关键搜索，了解 Googlebot 对页面的视角，得到的违规通知可用于网站优化。雅虎(Yahoo! Site Explorer) 和微软 (Live Search Webmaster Tools)也为网站管理员提供了免费工具。

利用 Web 分析工具。若利用 Google 网站管理员工具或其他服务改进网站的抓取和检索性能，网站管理员可关注网站的流量。Web 分析工具如 Google 分析工具在这方面很有价值。可利用这些工具了解浏览者如何到达和浏览网站，找出网站中最流行的页面，测试各种优化对网站的影响。对于高级用户，结合服务器日志文件中的数据、一些分析软件包提供的数据，可以提供有关浏览者如何让与文档交互的全面信息。Google 提供的另一个工具即 Google 网站优化器是优化网站的有效工具，可用于测试，以便找出页面上的哪些变化会产生最好的浏览者转化率。

8.6.5 全面推广网站

网站的大多数外部链接是逐步获得的，人们通过搜索引擎等方式发现有价值网站时，会主动做链接。有效地推广新内容有助于感兴趣者尽早发现网站。要把握适可而止原则，过分推销网站会适得其反。

发布有关新内容或服务的博客。在本网站内发布博客，简单介绍新增加的内容和服务，这是有助于浏览者了解网站新内容的好方法。

注重离线推广也是有效果的。如在名片、信签和海报上列出网站链接，也可通过电子邮件给客户发送信息，使他们知道网站上的新内容。把业务信息添加到 Google 的本地业务中心上，这有助于客户在 Google 地图和 Web 搜索中了解到该业务。网站管理员帮助中心有关于推广业务的更多提示。社团内的热点主题会有助于网站内容建设。避免与主题不相关的所有网站建立链接，避免仅为获得 PageRank 而从其他网站购买链接。

8.7　SEO 效果检测工具

搜索引擎优化工具覆盖了从设计、建设到优化网站的全过程。

8.7.1　SEO 效果检测和排名工具

Rank Tracker 是检查网站关键字排名的有效工具，可检测 Google，Yahoo 和 MSN 等搜索引擎的排名，可以用无限制的关键词创建和复制方案，并跟踪变化动态和发展。如果需要还支持 Google 和 Yahoo API 登录系统。

WebCEO 是功能全面的搜索引擎优化程序，比搜索引擎排名提供的信息还要多。

排名监测工具检测网站以某一关键词在搜索引擎中的排名，如：

www.cleverstat.com/Google-monitor.htm，查 Google 排名。

www.trafficzap.com/keyrank.php，查 Google 和 Yahoo 排名。

8.7.2　SEO 综合工具

SEO Surf 具有关键字分析、SEO 网页分析、返回链接管理等功能。

Keyword Crawler 是分析网站关键词的工具，可报告网页使用频率高的关键字、词语密度、Google 网页级别、内部和外部的返回链接及不健全的链接，并可生成 XML 格式的网站地图文件。

SEO SpyGlass 工具调查竞争对手如何获得高的搜索引擎排名。可以显示外部链接数、URL 地址、网页级别、Alexa 级别、外部链接的 IP 地址、网站历史、外部链接来源和关键词密度等。

8.7.3 网站访问统计工具

查看 ALEXA 网站访问量全球排名（ALEXA 工具栏下载）：http://download.alexa.com/index.cgi?p=Dest_W_b_40_T1 和查看找出竞争对手的流量。

利用工具 www.trafficzap.com/sitepopularity.php 可发现网站的流量。

Google 网站访问统计工具有助于分析网站访问量，如 http://www.google.com/intl/zh-CN_ALL/analytics/ ，Google Analytics 是企业级的网络分析解决方案，可借以了解网站流量和营销效果，查看并分析流量数据，借此就能撰写目标明确的广告，强化营销计划并提高网站的转化率。

习题

1. 简述搜索引擎原理。
2. 比较搜索引擎优化原理与策略。
3. 简述网站结构优化策略。
4. 简述关键词标签和关键词优化技术的区别。
5. 简述关键词优化策略与技术。
6. 简述网页优化策略。

参考文献

[1] 杨帆. SEO 攻略——搜索引擎优化策略与实战案例详解.北京：人民邮电出版社，2009.

[2] 吴泽欣. SEO 教程——搜索引擎优化入门与进阶.北京：人民邮电出版社，2009.

[3] 张春涛，杨德仁. 针对搜索引擎的网页优化技术，宁夏通信，2009（6）：37.

[4] 马骏，杨德仁. 面向搜索引擎的关键词优化技术，黑龙江科技信息，2010（10）：89.

[5] 陆军，杨德仁. 面向 Google 搜索引擎的优化技术，价值工程，2011（2）：102.

[6] 董富江，杨德仁. 搜索引擎排名算法比较研究，黑龙江科技信息，2011（2）：57.

[7] 董富江，杨德仁. 面向搜索引擎的链接优化技术，价值工程，2011（1）：180.

第9章 Web 2.0技术应用与展望

本章首先介绍了 Web 2.0 的基础知识，然后依次介绍了 Web 2.0 依赖的理论和技术以及它的设计模式、编程思想，为后面的学习打下基础。其次给出了 Web 2.0 的具体应用，进一步加深对 Web 2.0 的理解。最后分享了 Web 3.0 的主要观点，便于把握 Web 应用的发展趋势。

9.1 Web 2.0 简介

Web 2.0 悄然到来，在不知不觉中人们已经难以割舍，如接收电子邮件和网上交流等。目前，绝大多数网站都集成了 Web 2.0 技术，人们虽然不太了解这个概念，但却已经体验到了这些技术带来的便捷。从 Web 1.0 过渡到 Web 2.0 不明显，没人说得清 Web 2.0 是从什么时候取代 Web 1.0 的，人们已经在无意中进入了 Web 2.0 时代。

Web 2.0 是一种新的互联网方式，通过网络应用促进网络上人与人的信息交换和协同合作，其模式更加以用户为中心。典型的 Web 2.0 站点有：网络社区、网络应用程序、社交网站、博客、维基等。

Web 2.0 概念的形成。Web 2.0 概念始于一个会议。互联网先驱们注意到，同所谓的互联网"崩溃"迥然不同，互联网变得比其他任何时候都更重要；而且，令人激动的新应用程序和网站正规律性地涌现出来。互联网公司"泡沫破灭"标志了互联网的转折，使得 Web 2.0 有了意义。这种观点被大家所认同，Web 2.0 由此诞生了。

Web 2.0 的定义。Web 2.0 是相对 Web 1.0（2003 年以前的互联网模式）的新一代互联网应用的统称，是一次从核心内容到外部应用的革命，由 Web 1.0 单纯地通过网络浏览器浏览 HTML 网页模式向内容更丰富、联系性更强、交互性更强的 Web 2.0 互联网模式的发展，这已成为互联网发展的新趋势。

Blogger Don 在他的《Web 2.0 概念诠释》中写道："Web 2.0 是以 Flickr，Craigslist，Linkedin，Tribes，Ryze，Friendster，Del.icio.us，43Things.com 等网站为代表，以 Blog，TAG，SNS，RSS，WIKI 等社会软件的应用为核心，依据六度分隔，XML，Ajax 等新理论和技术实现的新一代互联网模式。"

Web 2.0 的应用让人了解到 Web 正在进化，从单纯的网站到成熟的、为最终用户提供网络应用的服务平台。Web 2.0 并非技术标准，它包含了技术架构及应用软件，同时它鼓励作为信息最终利用者通过分享使得 Web 资源变得丰盛。可以说，Web 2.0 是网络应用的新时代，网络成了新平台，内容因使用者参与而产生（产生个人化内容），通过人与人（P2P）之间的分享，形成了 Web 2.0 的多彩世界。

Web 1.0 到 Web 2.0 的转变。如果说 Web 1.0 是以数据为核心的网络，那么 Web 2.0 是以人为核心的网络。后者提供了用户织网的工具，鼓励用户提供内容和交互，根据用户在互联网上留下的痕迹，组织浏览的线索，提供相关的服务，给用户创造新的价值和给整个互联网产生新的价值。从早期的静态 HTML 页面到.com 时代的动态 Web（Web 1.5），再到目前的具有用户参与性的 Web 2.0，这个转变过程可以具体描述为：模式从单纯的读向写和共同建设发展、从被动地接收向主动创造发展；基本构成单元从网页向发表和记录信息发展；工具从互联网浏览器向各类浏览器、RSS 阅读器发展；运行机制从 Client/Server 体系结构向 Web 服务发展；作者从程序员向普通用户发展；应用从初级应用向大量应用发展。

Web 2.0 与 Web 1.0 的差异。从知识生产角度讲，Web 1.0 通过商业力量将信息和知识放到网上，而 Web 2.0 则通过用户协作将这些知识有机地组织起来，在这个过程中将知识深化并产生新火花。从网络社会构建角度讲，Web 1.0 是以内容提供者为主体，以一种自上而下的方式构建，用户只作为一个群体概念而存在；而 Web 2.0 则是以用户为主体，以每个用户所写博客作为细胞，由他们自发聚合或者引导性聚合并不断辐射形成一张可伸缩的有机网络。从交互性角度讲，Web 1.0 是以网络对用户为主，是简单的单向灌输行为；而在 Web 2.0 中，每个用户作为平等主体存在，是一种准双向行为。

Web2.0 的特征表现在用户既是网站内容的消费者（浏览者），也是网站内容的建设者，强调开放、共享、参与和创造，个人化、去中心化和社会化。绝大部分 Web 2.0 服务都存在于标识明确的页面。一般人可以改变和创造网络，非专业和业余人员也能参与。每个人在互联网上都可以创造自己的价值，突显每个用户的价值。具体来讲，Web 2.0 的特征有 5 点：①多人参与，在 Web 1.0 中，互联网内容是由少数编辑人员（或站长）定制的，比如各门户网站；而在 Web 2.0 中，每个人都是内容的供稿者。②人是灵魂，在互联网的新时代，信息是由每个人贡献出来的，各个人共同组成互联网信息源，即 Web 2.0 的灵魂是人。③可读写互联网，在 Web 1.0 中，互联网是阅读式互联网，而 Web 2.0 是可读写互联网。虽然每个人都参与信息供稿，但在大范围里，贡献大部分内容的是小部分的人。④Web 2.0 元素，Web 2.0 包含了经常使用的服务，如博客、播客、维基、P2P 下载、社区、分享服务等，博客是 Web 2.0 中十分重要的元素，因为它打破了门户网站的信息垄断，博客地位将越来越重要。⑤个人看法，Web 2.0 实际上是对 Web 1.0 的信息源进行扩展，使其多样化和个性化。

9.2 Web 2.0 理论和技术

9.2.1 六度分隔理论

小世界现象（又称小世界效应）：假设世界上所有互不相识的人只需要通过很少中间人就能建立起联系。

1967 年，哈佛大学心理学教授斯坦利·米尔格拉姆（Stanley Milgram）根据这概念做过一次连锁实验，证明了“你和任何陌生人之间间隔的人不会超过六个”，也就是说，最多通过六个人就能够认识任何陌生人。这就是著名的六度分隔理论（Six Degrees of Separation）。

六度分隔理论成为人际关系世界中无可否认的、令人震惊的特征，许多社会学研究也给出令人信服的证据，说明这一特征并非特例，而是广泛存在的。最近，美国哥伦比亚大学瓦茨教授领导的 Email 试验也证明了这一惊人规律，即在现实世界中，六十亿人如何构成如此紧密的关联呢？答案是通过互联网。

9.2.2　XML

通过使用 XML，计算机之间可以处理包含各种信息的文章。XML 是从 SGML 中简化而来的，其最大特点是具有可扩展性。

目前，流行的浏览器都能解析和显示 XML 文档。

9.2.3　Ajax

Ajax 并非新技术，而是几种技术的强强结合。Ajax 运用 XHTML 和 CSS 实现基于各种标准的展示、运用 DOM 实现动态显示和交互、运用 XML 和 XSLT 实现数据交换和操作、运用 XMLHttpRequest 实现异步数据检索、应用 JavaScript 实现绑定。不用刷新浏览器窗口（不用安装额外插件），Ajax 就能满足用户的操作需求。

使用 Ajax 代表性网站有：Google Group（www.groups.google.com），Google Suggest（www.google.com），Google Maps（www.maps.google.com），A9.com（www.a9.com）和 2simple（www.2simple.com）等。

9.3　Web 2.0 设计模式

克里斯多夫•亚历山大（Christopher Alexander）在《模式语言》（A Pattern Language）中精炼地描述了体系结构问题的解决方案，即“每个模式都描述着在我们环境中反复出现的问题，并描述了该问题的核心解决方案。可使用该方案上百万次，而从不需要重复性工作。”Web 2.0 的设计模式如下：

长尾。小型网站构成了互联网内容的绝大部分内容；细分市场构成了互联网的大部分应用程序。而快速的网络搜寻及无分界的涵盖范围，反而让冷门商品形成的市场得以浮上台面。

数据是下一代“Intel Inside”。应用程序逐步由数据驱动，应设法拥有独特的、难以再造的数据资源。

用户增添价值。竞争优势体现在用户添加信息的程度上，不要将参与体系局限于软件开发上，而要让用户为程序增添价值。

网络效应。只有很少用户不厌其烦地为程序增添价值，要将默认设置获取到的用户数据成为额外有价值的信息。

保留权力。知识产权保护限制了重用、阻碍了实验，因此采用的门槛要低，同时遵循现存准则，并采用尽可能少的限制来授权。

永远的测试版。当设备和程序连接到互联网时，程序是正在展开的服务，因此要经常添加新特性，使之成为普通用户体验的组成部分，吸引用户充当实时测试者。

合作而非控制。程序建立在合作性的数据服务网络之上，提供网络服务界面和内容聚合，并重用其他人的数据服务，同时支持允许松散结合系统的轻量级编程模型。

软件超越单一设备。PC不再是互联网应用程序的唯一访问设备，局限于单一设备的程序的价值小于那些支持多种设备的程序。因此在设计应用程序时，就应考虑使其能跨越手持设备、PC机和互联网服务器的多种服务。

先吸引客户、再考虑盈利。要有特色，再逐步扩展，利用用户对已有服务的使用习惯，不断增加产品种类。

9.4 Web 2.0 编程思想

Web 2.0 编程思想基于下述 16 条原则：

原则 1：无论是 Web 2.0 应用的创建者还是用户，首先要确定一个简单目标，如"我需要保存一个书签"或者"我准备帮助人们创建可编辑的、共享的页面"，要有简单的、最基本需求。很多 Web 2.0 应用最初吸引之处就是其简单性。

原则 2：最基础的思想是链接，链接是把 Web 中各种实体连接起来的最基本元素，信息、关系及导航都能被写成 URL 形式。链接应该遵循以下规则：任何 Web 资源都可被 URI 或 URL 链接；保存链接的原始出处，以便与任何人随时随地分享；链接必须是持久的，不会无缘无故地被改变或消失；链接应该是可读的、稳定的、并且能自我解释的。

原则 3：数据应该属于其创建者。创建、共享和分享的权利属于创建者，他们在 Web 上放置的任何资源都应该是可编辑的，并且能随时取消共享。资源也包含了间接资源，如所关心的记录、日志、浏览历史、网站访问信息，或任何可跟踪的信息。所有网站必须清楚陈述哪些信息是用户创建的，并且给用户提供撤销创建或删除的方法。

原则 4：数据优先，体验与功能其次。无论文本、图片、音频还是视频资源，Web 最终把这些资源解析为数据，无法脱离数据去呈现内容，所有这些数据都通过 URL 定位（参见法则 2）。Web 数据优先最终顺序是名词优先，动词其次，虽然最近倾向侧重动词。名词例子有日历的条目、家庭照片和股票价格等；动词例子有预定约会、共享图片和买股票等。

原则 5：做好分享的准备。尽可能分享所拥有的数据和服务，鼓励随意使用，提倡贡献，尽可能避免将分享的内容设置为私有，并且提供易于使用的浏览方式。

原则 6：Web 是平台，要让它成长。与传统的操作系统 Windows 等平台不同的是，Web 是无法脱离和不会中断的平台，可以通过各种方式去扩展平台。在 Web 上提供的数据与服务是 Web 的有机组成部分，在 Web 平台的某处发挥作用，同时需要支持后续的数据和服务。

原则 7：理解与信奉阶梯性。现在 Web 越来越大，几乎无处不在，拥有的用户多达 10 亿，不同地方的用户在使用时其需求存在阶梯性差异。例如对 Web 设计而言，易用性永远优先于速度、可靠性、重用性与可集成性，同样也应该为用户提供相同的体验，这样忠诚的用户才会很快成为专业用户，他们期待更快的速度还有更多信息资源。同样，也有很多用户会进入这个阶梯的底端，他们可能不会你的语言，不熟悉你的文化，甚至不知道是如何到这里的，所以要向他们表达清楚，便于他们入门。

原则 8：绝大多数资源都是可编辑的，只有很少资源是不可编辑的。Web 是可写的，但并不意味着最初写的内容会丢失，而是指用户能很容易发布内容或对发布的内容进行评论。

原则 9：在 Web 上验证身份是必要的，对用户承诺只需邮件地址验证身份的服务要保证其隐私安全。必要时，在现实世界中还要为用户挺身而出，向权威挑战。否则，就得如实禀报用户。若验证身份是必须的，不要逃避或伪装。

原则 10：了解并使用流行的简单标准。尽量避免使用 SOAP、XSD、RDF、ATOM 等复杂标准。从消费者或创建者立场看，他们将可能会用不同的格式与任何人交换数据，这种交换促进标准的完善与采纳，这意味着 RSS、OPML、XHTML、XML 和 JSON 等简单标准的流行。

原则 11：遵循无意使用的规律。如果把非常有趣的数据和服务用流行的格式开放和共享出去，会吸引其他人基于这块 Web 平台来构建，能得到比预期更多的回报。以往有很多例子，最初的投入和规模很小，但无意中因为内容有趣吸引了大量的用户访问而博得惊人的访问量，最后被大公司收购而大赚一笔。鼓励使用这种方式，它非常有价值，前提是要有所准备。

原则 12：分解数据与服务。大规模集成的数据仅适用于无需管理的下载与批量操作，因此需要分解数据和服务，让其成为独立的、可描述的 URL。不要创建一些巨大复杂的数据结构和服务，要保持简单，让这些零碎资源能容易发现和重组。

原则 13：为用户提供其能受益的数据和服务。让用户慢慢习惯并依赖于社会化参与是有风险的，最好能让用户直接受益，让用户有动机来贡献时间、热情和信息。

原则 14：让用户组织并过滤信息很重要，但这一点并非必需。最好能让用户自主标注和组织数据，按照自己的最佳方式处理并构建信息资源。要保证 Web 服务能够按照用户所需方式工作，这也是标签和通俗分类方式成功的主要因素。

原则 15：提供丰富的用户体验。Web 一直都在和本地应用程序进行着激烈竞争，主要原因在于本地程序运行起来感觉更好、速度也更快。Rich Internet Applications，Ajax 及其他互联网的交互应用提供了丰富的用户体验，使 Web 成为了真正“无平台”的平台。

原则 16：信奉并支持快速地改进和反馈。尽可能地使用轻量级工具和技术，同时及时处理错误报告、修复 Bug 和发布新版本。但应注意，用户报告所发现的问题或不妥，可能并非都是 Bug。

9.5　Web 2.0 应用简介

9.5.1　博客与移动博客

博客（Blog）是 Web log（网络日志）的缩写。Blog 的中文译名译法不一，如博客、网志、部落格或部落客等。博客是按照时间顺序排列并且不断更新的出版方式。博客易于使用，可用来发布观点，与人交流以及从事其他活动，所有这一切都是免费的。博主（Blogger）是写博客的人。

博客的鼻祖是 NCSA 的“What’s New Page”网页，罗列 Web 新网站的索引，1993 年 6 月问世。“911 事件”世贸大楼遭遇袭击，博客成为重要信息和灾难亲身体验的重要来源，那时博客才正式进入主流社会视野。

博客是继 Email，BBS 和 ICQ 之后出现的第四种网络交流方式，是网络时代的个人读者文摘，是以超级链接为武器的网络日记，是信息时代的麦哲伦。博客代表着新一代生活方式、工作方式和学习方式，代表着新闻媒体 3.0 版：从旧媒体发展为新媒体，再发展为自媒体(we media)。

博客有如下几种分类：

基本博客是最简单的博客，用于单个作者对于特定话题提供相关的资源、发表简评。

小组博客是基本博客的简单变形，一些小组成员共同完成博客日志，这不仅能编辑自己的内容，还能编辑别人的条目。这种博客能使小组成员就一些共同的话题进行讨论，甚至可以共同协商完成同一个项目。

亲朋的博客成员主要由亲属或朋友构成，他们可能是一种生活圈、一个家庭或一群项目小组的成员。

协作式博客旨在通过共同讨论使得参与者在某些方法或问题上达成一致，通常把协作式的博客定义为允许任何人参与、发表言论、讨论问题的博客日志。

社区博客，与公共出版系统有着同样的目标，使用更方便，代价更小。

商业、企业、广告型的博客，管理类似于通常网站的 Web 广告管理。

知识库博客，或者叫 K-LOG，基于博客的知识管理越来越广泛，使得企业可以有效地控制和管理那些原来只是由部分工作人员拥有的、保存在文件档案或者个人电脑中的信息资料。知识库博客提供给了新闻机构、教育单位、商业企业和个人一种重要的内部管理工具。

博客有 3 个主要作用：一是发布想法。能让个人在 Web 上表达自己的心声，在全球成千上万的浏览者中赢得影响力；是收集和共享信息的精神家园。二是获取反馈信息。在 Web 上发布想法、获得志同道合者的反馈并与其交流。博客可以让来自世界各地的网站读者就博主的共享内容提供反馈意见，并可以选择是否允许按帖子发表评论（并且您可以删除不喜欢的任何评论）。三是查找网友。查找与自己志趣相投的人和自己感兴趣的博客，而别人也可通过资料找到博主。在博客资料中将列出博主的博客、近期发表的帖子以及其他信息，单击感兴趣的内容或位置可转到其他人的资料，从中可能会发现自己感兴趣的博客。

博客新手指南。使用免费的博客服务时，要配置页面风格，要配置博客链接，添加文章分类，撰写并发表文章。自己架设博客网站时，先下载 Blog 压缩包并安装，访问后台管理页面，配置博客。

优秀的博主应该记住，在引用和转摘别人的文章时要注明出处；选定方向后，坚持不懈；注明联系方式；链接是博客的生存之本。

博客示例：

新浪互联星空博客，http://blog.sina.com.cn

专业博客服务网，http://www.blogcn.com

移动博客（MoBlog）是在手机上使用博客功能的客户端。移动博客是让手机用户以网络日记的形式随时随地的记录、传播与沟通，构建自我媒体，是博客、播客、可拍照手机与移动互联网的结合体。

通过安装在手机上的移动博客，将用户名及密码进行绑定，便可随时随地通过手机发表日志或上传手机图片到博客主页上。

移动博客示例：

天涯移动博客，http://mblog.tianya.cn。

9.5.2 播客

播客（Podcasting/Podcast）来源于苹果电脑（iPod）与广播（broadcast）的合成词，是一种在互联网上发布文件并允许用户订阅回馈以自动接收新文件的方法，或用此方法来制作的电台节目。2004 年 9 月，美国苹果公司发布 iPodder，这标志着播客（Podcast）的问世。

播客是数字广播技术，出现初期借助于 iPodder 软件与便携播放器实现。播客录制网络广播或类似网络声讯节目，可将网上此类节目下载到 iPod，MP3 播放器或其他便携式数码声讯播放器中随身收听，不必端坐电脑前，也不必实时收听。还可自己制作声音节目，并将其上传到网上与广大网友分享。如同博客颠覆了被动接受文字信息，播客颠覆了被动收听广播的方式，使听众成为主动参与者。这种新方法在 2004 下半年开始在互联网上流行，到 2005 年，已有播客软件如同像播放音频播放视频了。播客与其他音频内容传送的区别在于其订阅模式，它使用 RSS 2.0 文件格式传送信息。该技术允许个人进行创建与发布，这种传播方式使得人人可以参与。

播客与博客是同义词，都是个人通过互联网发布信息的方式，并且都需要借助博客/播客发布程序（第三方提供的博客托管服务，也可是独立的个人博客/播客网站）进行信息发布和管理。博客与播客的主要区别在于，博客传播的内容以文字和图片信息为主，而播客传递的则是音频和视频信息。博客是把思想通过文字和图片在互联网上广为传播，而播客则是通过制作音频甚至视频节目的方式进行传播。从某种意义上来说，播客就是一个以互联网为载体的电台和电视台。新浪互联星空播客的网址为 http://v.sina.com.cn。

9.5.3 站点摘要

由数据库驱动的、具有实时、动态产生内容的动态网站已经取代了静态网站。动态网站的活力不仅在于网页，而且在链接方面。指向博客的链接是在指向一个不断更新的网页。但要浏览页面才能看到变化情况。

如何不用浏览页面，就能知道其变化呢？可以采用站点摘要（RSS）技术实现。RSS 不仅使浏览链接到网页，而且可以订阅该网页；每当该页面产生变化时，都会得到通知。因此，被称为增量互联网（incremental Web）或实时互联网（live Web）。站点摘要是一种用于共享新闻等 Web 内容的数据交换规范。起源于网景(Netscape)通讯公司的 Push 技术，为用户发送其订阅的内容。RSS 是互联网结构上的重大进步。

RSS 的优势在于：对网民而言，不受广告或者图片影响，只阅读标题或者文章概要。RSS 阅读器自动更新定制的网站内容，保持新闻的及时性；用户可以加入多个定制的 RSS 提要，从多个来源搜集新闻整合到单个数据流中。对网站而言，扩大了网站内容的传播面，也增加了网站访问量；RSS 文件的网址是固定不变的，网站可以随时改变其中的内容，浏览者可随时看到新内容。RSS 也意味着网页浏览器不再只是限于浏览网页的工具。

Bloglines 之类的 RSS 聚合器（RSS aggregators）基于网络，也有一些接受更新内容的桌面程序和便携设备程序。RSS 诞生于 1997 年，是 3 种技术的汇合。一种是真正、简单的聚合（Really Simple Syndication）技术，用于通知博客的更新情况；另一种是 Netscape 公司提供的丰富站点摘要（Rich Site Summary）技术，该技术允许用户用定期更新的数据流来定制 Netscape 主页。第三种是根据 W3C 语义网技术 RDF 对 RSS 进行了重新定义，发布了 RSS 1.0，并把 RSS 定义为“RDF Site Summary”。目前，RSS 分化形成了 RSS 0.9x/2.0 和 RSS 1.0（更靠拢 XML 标准）两个阵营。RSS 目前广泛用于博客、维基和网上新闻频道，世界多数知名新闻社网站都提供 RSS 订阅支持。RSS 比书签或者指向一个单独网页的链接要强大得多。

RSS 典型案例。RSS 现在不仅用于推送新的博客文章的通知，还可以用于其他各种各样的数据更新，包括股票报价、天气情况以及图片。如华尔街日报电子版(www.wsj.com)，《华尔街日报》是道琼斯麾下美国最权威的金融业出版媒体。在该站支持 RSS 之前，用户获取内容的方式是直接访问该站站点和电子邮件新闻提示。2004 年初，华尔街日报电子版推出了 RSS 服务，包括美国新闻、欧洲新闻、亚洲新闻、科技新闻、商业新闻、股市传真、专家评论和个人技术。RSS 技术的实时性使订户能够更及时、更便捷地得到第一手新闻信息资讯，从而提高华尔街日报电子版的服务质量和客户满意度。向公众提供免费的 RSS 新闻标题，让更多的人了解华尔街日报内容的精彩和高质量，有助于提高订阅用户数以及推广华尔街日报电子版的品牌和市场。

要使用 RSS 首先要下载和安装一个 RSS 新闻阅读器。然后，从网站提供的聚合新闻目录列表中订阅感兴趣的新闻栏目的内容，之后订阅者将会及时获得所订阅新闻频道的最新内容。

RSS 的示例：

提供 RSS 服务的综合平台，http://www.feedsky.com/。

9.5.4 维基

维基（Wiki 的音译）一词来源于夏威夷语“wee kee wee kee”，原意“快点快点”。1995 年，为了方便模式社群的交流，沃德·坎宁安开发一款工具即波特兰模式知识库（http://c2.com/ppr）。他在建立该系统（最早的维基系统）过程中，创造了维基概念。

其实，维基是一种多人协作的写作工具。维基站点可以有多人（甚至访问者）维护，每个人都可以发表见解，并对主题进行扩展或探讨。从本质上讲，维基是一种超文本系统，支持面向社群的协作式写作，也包括一组支持这种写作的辅助工具。维基使用方便、开放，可以帮助人们在一个社群内共享某领域的知识。

维基技术规范如下：保留网页每次更动的版本，这样即使参与者将整个页面删除，管理者也会很方便地从记录中恢复最正确的页面版本。页面锁定，一些主要页面可以用锁定技术将内容锁定。版本对比，维基站点的每个页面都有更新纪录，任意两个版本之间都可以进行对比，维基会自动找出差别。更新描述，更新页面时，可在描述栏中加以描述，以便管理员掌握页面更新情况。IP 禁止，维基有记录和封存 IP 功能。沙盒(Sand Box)测试：让初次参与者先到沙盒页面做测试，可以任意涂鸦和随意测试。编辑规则，任何开放的维基都有其编辑规则（建设和维护维基站点的规则）。为了维持网站的正确性，维基在技术上和运行规则上做了一些规范，做到既遵循公开和大众参与原则，又尽量降低众多参与者带来的风险。

维基的特点如下：一是使用方便。维护快捷，可快速创建、存取和更改页面；格式简单，用简单格式标记来取代 HTML 的复杂格式标记；链接方便，通过简单标记直接以关键字名来建立链接；命名平易，关键字名就是页面名称，并且被置于一个单层、平直的命名空间中。二是有组织性。整个超文本组织结构是可以修改和演化的；可汇聚性，系统内多个内容重复的页面可以被汇聚于其中某个页面上，相应的链接结构也随之改变。三是可增长性。页面链接目标可以尚未存在，通过点击链接可以创建这些页面，从而使系统得到增长。修订历史，记录页面的修订历史及页面版本都可以被获取。四是开放性。社群成员可以任意创建、修改和删除页面；可观察性，系统内页面的变动可以被访问者观察到。

维基与博客的区别有三点：一是在主题上，前者严格的共同关注，即主题明确，内容要求高度相关性，作者和参与者都严格地遵从最初确定的主旨，针对同一主题作外延式和内涵式的扩展；而后者无主题，少数人的关注会蔓延，有主题但主旨松散，不会刻意地控制内容的相关。二是在方式上，前者适合于做一种 “All about something”的站点，目标是信息的完整性、充分性以及权威性；而后者注重个人思想和个性化，注重小范围交流。三是在应用上，前者应用于共同进行文档、书籍写作，相关技术的（尤以程序开发的）FAQ 更适合以维基来展现；而后者的协作以多人维护方式进行，维护者之间着力于完全不同的内容，这种协作在内容而言是比较松散的，任何人、任何主题的站点都以博客展示。

维基的用途：维基最适合做百科全书、知识库、整理某个领域知识等知识型站点，位于不同地区的人利用维基协同工作如共同编辑书等。维基技术已经被较好地用于百科全书、手册/FAQ 编写、专题知识库方面等。

著名维基网站示例：

维基百科，http://zh.wikipedia.org/zh；

百度百科，http://baike.baidu.com。

9.5.5 引用通告

引用通告（Trackback），简称引用。引用通告是一种网络日志应用工具，它可以让博主知道有别人对自己网志的评论或引用情况。这种功能通过在网志之间互相 ping 机制实现，实现网站之间的互相通告，也因此它具有提醒功能。引用通告功能一般出现在博客日志下方，会显示对方日志的摘要信息、URL 和标题。通过引用通告，博客之间就互相连接起来，因此有人称之为思想桥梁。

引用通告规范早在 2000 年制订，并在 Movable Type 2.2 中予以实现。在早期版本的 Trackback 规范中，Ping 是 GET 方式的 HTTP 请求，现在不再支持 GET 方式，只能用 POST 方式。

引用通告实例：QQ 空间的好友动态。

9.5.6 标签

标签（Tag）是一种更为灵活、有趣的日志分类方式，为每篇日志添加一个或多个标签，就可以看到日志所在网站上所有使用了相同 Tag 的日志，并且由此和其他用户产生更多的联系和沟通。

标签体现了群体的力量，使得日志之间的相关性和用户之间的交互性得以增强，可以让博主看到更加多样化的世界，如关联度更大的博客空间和热点实时播报的新闻台等。标签为博主提供前所未有的网络新体验。

当然，可简单地把标签理解为日志分类。但标签和分类的不同之处很明显：首先，分类是在写日志之前就定好的，而标签是在写日志之后添加的。其次，可同时为一篇日志贴上好几个标签，方便博主随时查找，而一篇日志只能有一个分类。再者，当博主积累了一定量的标签后，就可以了解自己在博客中最经常写的话题。最后，博主可以看到有哪些人和自己使用了同样的标签，进而找到志趣相投的其他博主。

例如，博主写了一篇到西湖旅游的日志，把这类日志放到"驴行天下"分类下，有了标签后，就可以给这篇日志同时加上"旅游"、"杭州"、"西湖"、"驴行天下"等标签，当浏览者点击其中任一标签时，都能看到这篇日志。同时博主也可以通过点击这几个标签，看看究竟谁最近也去了杭州旅游，或许还可以交流旅游心得，结伴出游。

标签示例：

马未都的网志标签：http://blog.sina.com.cn/s/blog_5054769e0100n5js.html?tj=1。

9.5.7 网摘

网摘（Social Bookmark），直译为社会化书签。第一个网摘站点 delicious 的创始人 Joshua 发明了网摘。网摘提供了一种收藏、分类、排序和分享互联网信息资源的方式，用于存储网址和相关信息列表、对网址进行索引使网址资源有序分类和索引。可以把网上看到的网页收藏起来，以便在需要时快捷方便地找到并在网上与朋友分享。公开的网络书签因为不仅可以自己查阅，也能供别人查阅，所以称为社会化书签。提供社会化书签服务的站点，又简称为网摘站点。

由于网摘具有较大的共享性，在阅读网摘时给链接来源网站带来流量，从而形成一种有效的网站推广方式。网摘推广可以提高网页知名度、增加网站点击量，同时可以增加反向链接，有利于提高网页排名。网摘推广方法操作简单，效果良好。

使用网摘，使网址及相关信息的社会性分享成为可能，在分享的人为参与过程中网址的价值被给予评估。同时，网摘使挖掘有效信息的成本得到控制，使具有相同兴趣的用户更容易彼此分享信息和进行交流。

使用收藏夹记录网址的缺陷在于缺乏有效的索引机制，锁定特定网址比较困难，缺乏足够的收录附属信息和评价系统，需要借助记事本等外部工具对信息进行注解。在重装系统、多操作系统、异地上机等情况时，用户要对收藏多次进行手工转存；在需要分享信息和资源时，收藏夹的非共享存储机制的弊端更是曝露无遗。

网摘基于知识管理、分享和发掘需求，其优势在于：从个体角度讲，为用户提供了真正的知识管理机制；从分享角度讲，使依照同一标准建立的彼此联结的个人知识库可以方便地进行信息共享；从信息挖掘角度讲，将所包含的全部个人知识库整理成大知识库，使互联网用户在其中方便地以各种方式进行索引挖掘信息；从社会元素角度讲，个体知识库可以自由组建自己的知识获取、交流网络，网摘提供了一种基于知识分类的社交场所。

网摘示例：

天天网摘, http://www.365key.com。

9.5.8 社会网络

社会网络旨在帮助人们建立社会性网络的互联网应用服务（Social Networking Services，SNS），又叫社交网站或社交网（Social Network Site）。

依据六度分隔理论，社会网络服务以认识朋友的朋友为基础，旨在扩展人脉。它代表支持全体交互的一类软件，包括网络游戏，博客，维基（Wiki）、即时通信（IM）、互联网即时聊天，和其他的拥有多对多社群系统。广义上讲，包括了在线共同体、计算机协同工作平台以及新出现的一类软件。SNS 是采用分布式技术（P2P 技术）构建的下一代基于个人网络基础软件。通过分布式软件编程，将现在分散在每个人设备上的 CPU、硬盘、带宽进行统筹安排，并赋予个人计算机或设备更强大的能力，如计算速度、通信速度和存储空间等。

社会性网络（Social Networking，SN）指个人之间的关系网络。而社会性网络网站（SNS 网站）是基于社会网络关系系统思想的网站。 SNS 网站包括网络聊天（IM）、交友、视频分享、博客、播客、网络社区、音乐共享等。

在互联网中，PC 机、智能手机都没有强大的计算及带宽资源，它们依赖网站服务器，才能浏览发布信息。将每个设备的计算及带宽资源进行重新分配与共享，使其具备比服务器更强大的能力，这是分布计算理论诞生的根源，SNS 技术诞生的理论基础。

本节主要讨论 SNS，SN 在其他各节分别讨论。

SNS 具有可靠与低成本的双重优点，SNS 贴近实名制，线上线下的身份比较一致，基于人传人联系网络，利用网络这一低廉而快速的平台，网络建立的速度非常快，使建立人脉网络的成本进一步降低。

SNS 应用前景广泛。在用于社会性交际时，优点是可靠，而缺点是握手时间长；在用于平台式网络交际时，优点是成本低，缺点是不可靠。

SNS 示例：

开心网，www.kaixin001.com。

9.5.9 对等联网

对等联网（peer-to-peer，P2P），也称为“点对点”（Point to Point）。对等联网是一种网络新技术，依赖参与者的计算能力和带宽，而不仅仅只依赖服务器。点对点作为下载术语，在下载同时，电脑还作为主机，使用这种下载方式的人越多速度越快，但缺点是对硬盘损伤较大（在写时还要读），此外对内存占用较多，影响整机速度。

P2P 并不是新概念，在现实生活中，人们都按照 P2P 模式面对面或通过电话交流和沟通。P2P 将人们直接联系起来，让人们通过互联网直接交互。有利于在网络上直接沟通、直接共享和交互，消除了中间商，改变了以大网站为中心的状态，重返"非中心化"，并把权力交还给用户，直接连接到其他用户的计算机以便交互和交换文件。

P2P 是互联网整体架构的基础，互联网 TCP/IP 协议并没有客户机和服务器的概念，所有设备都是通讯对等体；互联网早期系统都同时具有服务器和客户机的功能，后来开发的架构在 TCP/IP 之上的软件采用了客户机/服务器的结构，如浏览器和 Web 服务器。目前互联网主要技术模式是客户机/服务器体系结构。在互联网上，将大量数据集中存放在高性能计算机上面(安装多样化的服务软件)，集中处理数据、对互联网上其他 PC 进行服务（提供或接收数据，提供处理能力及其他应用）；而与服务器联机并接受服务的客户机，其性能可以相对弱小。而 P2P 技术弱化了服务器的作用，甚至取消服务器，任意两台 PC 互为服务器和客户机。

P2P 的特点：①分散性，网络资源和服务分散在所有节点上，信息的传输和服务的实现都直接在节点之间进行，避免了可能的瓶颈；②可扩展性，在服务器端使用大量高性能的计算机，铺设大带宽的网络；③健壮性，在互联网上随时可能出现异常情况，各种异常事件都会给系统的稳定性和服务持续性带来影响；④隐私性，隐私的保护作为网络安全性的一个方面越来越被大家所关注；⑤高性能性，个人计算机的计算和存储能力以及网络带宽等性能依照摩尔定理高速增长。

P2P 应用举例：

即时讯息工具（Instant Messenger）类，如 ICQ、AOL Instant Messenger、Yahoo Pager、微软 MSN Messenger 和腾讯 QQ 等，允许用户互相沟通和交换信息、交换文件。这时用户之间的信息交流不是直接的，需要中心服务器来协调；但这些系统并没有诸如搜索这种对于大量信息共享非常重要的功能。

文件交换类，如完全免费且开放源的 P2P 软件 eMule，跨越服务器的界限，与全世界的 eMule 用户共同分享资源。

语音通信类，如 Skype 将语音呼叫移到 Internet 中，将电话公司变为软件和宽带运营商，在全球范围内提供不受限的高质量免费电话呼叫。话通是集文字、语音、视频和数据为一体的多媒体即时通讯产品。MediaRing Talk 是在互联网上进行语音通讯的完全免费软件。通过电脑免费打国际长途、与其他联网的电脑进行直接语音通话、呼叫任意一部固定电话。

9.5.10 即时通讯工具

网上交流的工具由初期的聊天室和论坛转向了以 MSN 和 QQ 为代表的即时通讯工具（Instant Messenger，IM）。即时通讯工具软件是目前我国上网用户使用率最高的软件。即时通讯工具是使用频率最高的网络软件，被认为是现代交流方式的象征，并构建起一种新型社会关系。

几款常用的 IM 软件：

网上寻呼机 ICQ（I seek you）是世界上最早的聊天工具，支持在 Internet 上聊天、发送消息和文件等。

QQ：国内最流行的即时通讯工具。它为用户提供聊天、空间、新闻等信息，还有手机移动 QQ 服务。目前，QQ 同时在线用户数已经突破 1 亿。

MSN Messenger 是微软公司推出的即时消息软件，凭借该软件自身的优秀的性能，目前在国内已经拥有了大量的用户群。

即时通讯工具示例：

腾讯 QQ 下载地址：http://im.qq.com。

9.6　Web 3.0 展望

Web 1.0 的本质是联合，Web 2.0 的本质是互动。Web 2.0 让人们更多地参与信息产品的创造、传播和分享，参与互联网内容创造活动，这具有革命性意义。Web 2.0 的缺点是没有体现出网民劳动的价值，所以 Web 2.0 是脆弱的，会在商业模式上遭遇重大挑战，需要跟具体的产业结合起来才会获得巨大的商业价值和商业成功。由于更多的人参与到了有价值的创造劳动，那么要求互联网价值的重新分配将是一种必然趋势，势必会催生新一代互联网，这就是 Web 3.0。Web 3.0 是在 Web 2.0 的基础上发展起来的，它能够更好地体现网民的劳动价值，并且能够实现价值均衡分配的一种互联网方式。Web 3.0 会从哪里开始呢？事实上，已经有了 Web 3.0，只不过还没有得到足够多的了解，如电子商务领域和在线游戏领域。

Web 3.0 跟 Web 2.0 一样，不是技术创新，而是思想创新，进而指导技术发展和应用。作为 Web 2.0 的替代物，Web 3.0 仍然是建立在 Web 2.0 的基础之上，并且实现了更加智能化的人与人、人与机器的交流功能的互联网模式。Web 3.0 之后将催生新的王国，这个王国不再以地域和疆界划分，而是以兴趣、语言、主题、职业、专业进行聚集和管理的王国。

Web 3.0 包含多层含义，维基百科的定义是，用来概括互联网发展过程中可能出现的各种不同的方向和特征，包括将互联网本身转化为一个泛型数据库，跨浏览器、超浏览器的内容投递和请求机制，人工智能技术的运用，语义网，地理映射网，运用 3D 技术搭建的网站甚至虚拟世界或网络王国等。而也有业界人士认为，Web 3.0 应有以下几个特征：一是更多地融入物理世界，原来更多连接的是信息，现在是物理世界；二是越来越多的海量数据；三是云计算，可以把云计算看成是 Web 3.0 的中枢神经；四是移动互联，移动通信是当前最重要的网络，它对 Web 3.0 的发展起的作用也最大。

Web 1.0 时代，使用者以阅读为主要用途。Web 2.0 强调互动分享，网络服务方兴未艾地转向读写双向。Web 3.0 结合网络、网页、超级链接、媒体与数据库，更加智慧，能自动传递更多的信息。以后的 Web 4.0 是以个人网站为主。从 Web 1.0，Web 2.0 到 Web 3.0 甚至 Web 4.0 都不是规格或技术，而是网络演变过程的一种通称，代表网络在演化发展之际与用户互动的紧密结合。其实 Web 1.0～Web 4.0 不应该互相排斥，而应同时存在，只是服务对象和范围不同，大的综合门户还应该以 Web 1.0 为主，体现权威，企业网站应以 Web 2.0 或 Web 3.0 为主，体现互动；而个人网站以 Web 4.0 为主，体现个性化。

9.7　Web 2.0 实训

根据 Web 2.0 的定义，它以 Flickr，Craigslist，Linkedin，Tribes，Ryze，Friendster，

Del.icio.us，43Things.com 等网站为代表，以 Blog，TAG，SNS，RSS，维基等社会软件的应用为核心，依据六度分隔，XML，Ajax 等新理论和技术，实现新一代互联网模式。了解 Web 2.0 的最好方式莫过于浏览国外的一些经典 Web 2.0 网站，在了解的基础上进行 Web 2.0 的应用开发。

浏览国外经典的 Web 2.0 网站，对目前 Web 2.0 技术应用有一个总体的、感性的认识，从而为真正深入 Web 2.0 技术做好铺垫：

图片共享网站 Flickr，URL 为 www.flickr.com，在网站申请账号，并体验该网站。

分类网站 Craigslist，URL 为 www.craigslist.com。

人际关系网站 Linkedin，URL 为 www.linkedin.com，申请账号体验该网站。

学习社区 Tribes，URL 为 www.tribes.com，申请账号体验该网站。

商业网络网站 Ryze，URL 为 www.ryze.com，申请账号体验该网站。

交友网站 Friendster，URL 为 www.friendster.com，申请账号体验该网站。

书签网站，URL 为 del.icio.us，申请账号体验该网站。

个人目标网站，URL 为 www.43things.com，申请账号体验该网站。

通过对以上实训的深入体验，应该亲自体验到 Web 2.0 技术所带来的变化。Web 2.0 的真正价值就在于它是“以人为本”的，它体现了个性化、中心化以及信息自主的特性，它完全展现了 Web 2.0 的社会性和大众性。

参考文献

[1] 维基百科，http://zh.wikipedia.org/zh.

[2] 百度百科，http://baike.baidu.com.

[3] Dion Hinchcliffe，Thinking in Web 2.0: Sixteen Ways，http://sd.csdn.net/n/20060518/90603.html.